KB235027

아빠의 질문력

아빠의 질문력

대화에 서툴고 서로가 어색한
아빠와 아들의 생활밀착형 카운슬링

조영탁·조예준 지음

행복한북클럽
Happy Bookclub

목차

아빠가 묻고
아들이 답하다

"I hate dad."

말 그대로 충격이었다. 아니, 아빠인 내가 싫다니.

아들은 초등학교 4학년 때 미국에 가서 할머니 할아버지 슬하에서 초등학교를 마쳤다. 이후 아이 엄마가 미국에 건너가 아들이 뉴욕에서 중학교, 고등학교를 다니는 동안 뒷바라지했다. (사정 있어서 미국에서 학교를 다녔으나 이에 대해서는 뒤에 밝히겠다.) 그래서 나는 아들이 한창 클 때 아들과 함께하지 못한 일종의 죄책감을 늘 갖고 있었다.

2년 전 여름, 고1 아들이 미국에서 한국으로 오게 되었다. 그때 또래보다 늦게 사춘기를 겪고 있던 아들은 여러 면에서 방황하는 모습이 역력했다.

나는 아들을 설득해서 단둘이 강릉으로 3박 4일간 여행을 다녀왔다. 남자 둘이 여행을 하면서 인생에 대한 여러 가지 이야기를 잘 나눈다면, 사춘기로 방황하는 아들의 중심을 잡아줄 수도 있겠고 나아가 아들과의 소원한 관계까지 개선할 수 있겠다는 생각이었다.

나름 좋은 시간이었다. 나는 아들에게 그동안 내가 공부하고 정리해놓았던 내용을 쉬지 않고 이야기해주었다. 바로 이 책의 중심 주제, 즉 어떻게 하면 한 번뿐인 소중한 인생을 행복하게 성공적으로 살아갈 수 있는지를 말이다. 예상했던 것보다 아들은 주의 깊게 듣는 것 같았다. 함께한 시간이 많지 않아 서먹서먹하던 아들과의 관계도 여행을 하며 개선된 듯했다. 대학이 모든 것은 아니지만, 좋은 대학에 가면 인생에 도움이 크게 될 테니 얼마 남지 않은 고교 시절 동안 공부를 열심히 해보자고 약속하기도 했다.

방학을 마치고 아들과 아내는 미국으로 돌아갔다. 그런데 사건이 터졌다. 아들이 학교에서 선생님께 매우 불손한 태도를 보였고, 이를 안 아내가 벌을 내리고 반성문을 쓰라고 했다. 그 반성문에서 느닷없이 "I hate dad"라는 문구가 튀어나왔다. 아빠는 늘 도덕군자처럼 좋은 말로 훈계하려고만 한다는 것이 그 글의

골자였다. "나는 왜 대학에 가야 하는지 모르겠다"는 충격적인 내용도 들어 있었다.

대학생인 딸이 초등학교에 입학할 무렵, 나는 지금 자녀 교육에 약간이라도 투자하지 않으면 평생 후회할 수 있겠다 싶어서 자녀 교육에 관심을 가지기 시작했다. 나름대로 인생을 잘 살아가는 법, 공부를 잘하는 법, 자녀 교육을 잘하는 법을 공부하기 시작했고, 그렇게 찾아낸 방법들 몇몇은 아예 교육 프로그램으로 개발해서 많은 학생들을 교육시켰다. 내가 주도해서 만든 자녀 교육법은 중국에까지 수출되었다. 가끔은 자녀 교육법에 대해서 외부에 나가 직접 특강을 했는데 전국 중고등학교 교장 선생님들 수백 명 앞에서 한 적도 있다. 그러면서 나는 자녀 교육을 주제로 강의를 할 만큼 그 분야에서 전문가라고 자신만만해하곤 했다.

그런데 정작 내 자녀들은 내가 공부해서 깨닫고 강의로 남에게까지 알려주는 방법대로 따라오지 않았다. 남의 아이는 가르칠 수 있지만 내 아이는 가르치기 힘들다는 것을 알게 되었다. 자녀 교육에 점점 자신을 잃어가던 시기에 이런 일이 터지고 말았다. 나는 참담함을 느꼈다. 자녀 교육은 이제 포기해야겠다는 생각이 들 정도였다. 사적 모임에서도 애들 교육 이슈가 나오면

입을 다물 수밖에 없었다.

시간이 지나 정서적으로 안정을 되찾으면서 뭐가 문제인지 곰곰이 따져보았다. 물론 한창 성장하는 청소년기에 아들과 함께한 시간이 너무 적었던 것이 가장 큰 원인이었으리라. 또한 너무 일방적으로 가르치려고만 했던 것이 문제의 원인 중 하나가 아니었을까. 오랜 고민 끝에 다음에 기회가 된다면 일방적으로 가르치고 훈계하는 것보다는 여러 가지 질문을 통해서 아이가 스스로 답을 찾아가는 방법을 시도해보면 어떨까 하는 결론에 다다랐다.

마침 코로나로 인해 뉴욕이 봉쇄되면서 아들과 4개월여 동안 한국에서 함께 지낼 기회가 생겼다. 아들은 시차가 있는 미국 학교의 비대면 수업을 듣느라 밤낮이 바뀐 생활을 고생스럽게 했다. 학기가 끝나고 나서야 우리 부자는 드디어 대화 나눌 시간을 낼 수 있었다.

그리하여 내가 미리 정리해둔 '행복한 성공을 위한 7가지 원칙'에 대해 매주 토요일마다 5~7시간씩 아들과 대화를 했다. 7주간에 걸쳐 '인생의 목적, 꿈과 비전, 긍정, 노력, 학습, 인간관계, 실천'이라는 7가지 주제에 대해 많은 이야기를 나누었다. 이때 예전처럼 내가 아는 것을 일방적으로 가르치는 방식을 취하지 않았다. 대신 핵심 키워드에 대해 먼저 좋은 질문을 뽑아놓고, 한자리에 모여 내가 질문하고 아들이 답하며 토론하는 방식으로 대화를 진행했다.

처음에는 우리 둘 다 어색했지만 시간이 가면서 점점 나아졌다. 일단 아들의 참여도가 눈에 띄고 좋아지고, 나와 아들과의 친밀감도 높아졌다. 둘 사이에 놓여 있던 단단한 벽이 조금씩 무너지고 있다는 느낌을 받았다. 처음에는 내가 묻는 질문에만 짧게 짧게 답하던 아들은 어느 순간부터 나보다 훨씬 더 많은 말을 하게 되었다. 나와 대화를 나누면서 아들의 행동에 조금씩 변화가 나타나고 있음을 체감할 수 있었다.

7주간의 프로젝트에 성과가 있었던 데는 그동안 아들이 더 성숙해진 면이 분명 도움이 되었다. 그리고 무엇보다도 내가 먼저 질문을 하고 아들이 그 답을 하면서 스스로 정답을 찾아가게끔 했던 것이 효과를 거둔 가장 큰 요인이 아닐까 한다.

아빠와 진심으로 같이 이야기하면서 나한테 성장의 기회가 있었던 것 같아. 학교에 돌아가는 게 전이라면 정말 짜증 났을 텐데, 지금은 엄청 기대되더라. 책에 적혀 있는 것들이 조금씩 저절로 이뤄지고 있으니까 되게 기분이 좋아.

한국 생활을 마치고 미국에 돌아간 아들이 문자 메시지로 보내준 메시지다. 그전에는 아들과 문자를 주고받는 일이 거의 없었다. 내가 가끔 먼저 이야기를 꺼내면 언제나 아주 짧게 할 말만 하던 아들이 놀랍게도 이처럼 애정과 신뢰가 가득 담긴 장문의 문자를 보내주었다.

그 자체로 감동이었다. 나는 아들이 스스로 인생을 잘 살아갈 수 있을 거라 믿게 되었다. 무엇보다 아들에게서 존경과 신뢰를 받는 아빠가 됐다는 점에서 행복했고, 아들이 고마웠다. 이 메시지를 받고선 눈가에 살짝 눈물이 맺혔다. 이로써 아들이 조금 더 커서 성인이 되었을 때 나와 단둘이 앉아 마치 오래된 친구처럼 소주 한잔하면서 많은 이야기를 하는 장면도 생생하게 그려볼 수 있게 되었다. 나의 가장 큰 로망이자 버킷 리스트 중 하나가 바로 그것이다.

물론 큰 목표를 세우고 긍정적 사고하에 평생 학습을 하고, 좋은 인간관계를 맺으면서 열심히 살아가야 한다는 점을 알게 된 것과 실세 길고 긴 인생에서 이를 꾸준하게 실천해서 성공적인 삶, 행복한 삶을 완성하는 것과는 전혀 별개라 할 수 있다. 머리에서 가슴까지, 가슴에서 손발까지 내려가는 데 수십 년이 걸린다는 말이 있을 정도로 지행합일知行合一은 결코 쉽지 않다. 그럼에도 불구하고 아들이 인생의 목적에 대해 생각해보고, 큰 목표를 갖고 남다른 각오를 다지면서 실천을 시작할 수 있게 된 것만 해도 큰 진전이라고 나는 자평한다.

여기까지가 아들과 내가 함께 쓴 이 책 『아빠의 질문력』이 탄생한 이야기다.

나는 20대 중반인 1990년부터 오늘날까지 대략 30년 동안 수많은 자기 계발서를 두루 읽고 삶의 지침이 되는 내용을 정리하여 강의 자료를 만들었다. 그리고 무엇보다도 이를 생활 속에서 잘 지키며 살기 위해 노력했다. 그대로 실천하면서 익혔다. 그것이 오늘의 나를 만들었다. 시대에 따라 변화하는 것도 있지만 변화하지 않는 공통의 원칙도 분명 있다. 나는 이 원칙들을 아들에게 전해주고 싶었다. 책의 뼈대가 되는 '행복한 성공을 위한 7가지 원칙'은 내가 미리 원고를 써두었던 것이다.

이 책은 각 장별로 3단계 구성을 취했다. 가장 먼저 '아빠의 질문' 코너에서는 대화할 때 내가 아들에게 했던 핵심 질문을 제시했다. 그러고 나서는 '생각거리' 코너로 내가 예습하듯 아들이 알면 좋을 것들을 미리 정리한 원칙과 관련 지식을 담아냈다. 맨 마지막은 '아들의 대답' 코너로 아들이 직접 정리하고 작성한 글을 실었다. 7가지 주제로 나와 대화하면서 자신이 알게 되고 깨달은 점, 아빠가 정리한 지식을 읽고 느낀 점, 그리고 이를 바탕으로 본인 스스로 실천하겠다고 다짐한 내용들이다.

이 책이 아들의 인생에 변화를 주는 계기가 되길 간절히 바란다. 출간을 준비하면서 아들과 좋은 신뢰 관계를 형성하게 된 것에 진심으로 감사했다. 더불어 자녀 교육에 고민이 많은 수많은 부모들, 그리고 더 성장하기 위해 방황하고 있는 청소년들에게 조금이라도 도움이 될 수 있기를 바란다.

2021년 가을,
대표 저자 조영탁

#인생의 목적

#사명

#다중 지능 이론

#티쿤 올람

#타임 디자인

Question 1.

너는 어떤 사람으로
기억되고 싶니?

인생에서 정말 중요한 것은 첫째로 '스스로를 어떻게 생각하느냐?', 둘째로 '자신이 어디로 가야 하는지를 알고 있느냐?', 셋째로 '그곳에 도달하기 위해 어떻게 하고 있느냐?'입니다. 그 외에 다른 것들은 하나도 중요하지 않습니다.

— 게리 베이너척Gary Vaynerchuk, 기업 투자가

"나는 누구인가? 내 인생의 목적은 무엇인가?"
"나는 왜 태어났나?"
"도대체 몇 살까지 살까?"
"나의 강점은 무엇인가?"

이것들은 인생을 살아가면서 해야 할 가장 중요한 질문들이다. 하지만 정작 우리는 이런 질문을 하지 않는다. 어느 누구도 묻지 않고, 스스로도 묻지 않은 채 하루하루 살아간다.

이런 질문을 하지 않으니 자기에 대한 정체성이 제대로 확립되지 않은 상태로 남과의 경쟁에서만 이기려고 한다. 본인의 내면을 보는 것이 아니라 남의 눈을 의식한다. 목적이 뚜렷하면 외부 환경에 흔들리지 않고 우직하게 자기 길을 걸어갈 수 있다.

아들과 대화를 나누는 첫날인데 가장 무거운 주제를 꺼내게 되었다. 고민이 많이 되었으나 정면으로 돌파해보기로 했다. 당장은 거창한 인생의 목적과 사명을 찾지 못해도 괜찮다. 그 중요성을 제대로 아는 것만으로도 충분하다.

"동물과 사람의 차이가 뭘까?"

내 질문에 아들이 답했다.

"생각한다는 거지."

맞다. 동물과 사람의 차이는 생각하는 거다. 그런데 우리는 철학적이고 추상적이라 생각해서인지 이런 질문을 하지 않는다. 반드시 똑같은 질문을 하거나 정답을 말하지 않더라도, 그 답을 찾아보려는 노력들이 다른 사람들과 차이 나는 삶을 살아가게 만들어준다.

"아들아, 네가 재미있는 게임을 발견하면 눈이 반짝거리듯이, 인생의 목적이 생기면 하루하루가 활기차고 모든 게 신기해지고, 열심히 노력하게 된단다. 네 속에는 무한 잠재력이 숨어 있는데 그 무한한 잠재력을 발견하게 되고. 그렇지 않으면 그냥 그냥 환경에 맞춰서 살아가게 되는 거야.

목적을 알고 목표를 가지고 살아가는 삶과 대충 그냥 그냥 살아가는 삶, 둘 중에 넌 어떤 삶을 살고 싶니?"

나는 아들이 남의 눈을 의식하고 남을 이기려고 하는 대신, 자신의 인생 목적을 알고 자신의 사명과 꿈, 비전을 명확히 설정해서, 남을 이기는 인생이 아니라 내 인생의 소명과 비전을 이루는 삶, 자신이 가지고 태어난 잠재력을 충분히 발휘하는 삶, 남이 아닌 어제의 나와 늘 경쟁하는 그런 삶을 살아가길 바란다. 나 혼자만 영화를 누리는 게 아니라 다른 사람들을 돕고, 내가 태어나기 전보다 조금이라도 더 좋은 세상을 만드는 데 기여하는 것을 인생의 목적으로 삼았으면 한다.

그래서 처음이라 어색하지만, 어려운 질문부터 시작하기로 했다.

"네가 태어난 이유를 무엇이라고 생각하니?"
"너는 누구니?"

"네 인생의 목적은 무엇이니?"

역시 내 질문에 아들은 말문이 막혀 보였다.

질문이 너무 어렵기에 나는 아들이 평소에 관심을 보인 위대한 경영자들의 이야기를 상세하게 들려주었다. 미국의 제42대 대통령 빌 클린턴Bill Clinton은 제35대 대통령 존 F. 케네디John F. Kennedy와의 만남에서 영감을 얻고 대통령이 되겠다는 목표를 세웠다. 테슬라 창업자 일론 머스크Elon Musk, 아마존 회장 제프 베조스Jeff Bezos, 버진그룹 회장 리처드 브랜슨Richard Branson, 이 세 사람은 지금 누가 먼저 우주여행을 상용화할 것인가를 놓고 치열한 경쟁을 벌이고 있다. 이들은 모두 1960년대 말 닐 암스트롱Neil Armstrong의 아폴로 11호의 달 착륙에서 큰 충격과 영감을 받고 우주 개척을 하겠다는 원대한 꿈을 품었다. 내가 젊은이들에게 위대한 기업가 이야기를 많이 들려주는 이유가 여기에 있다.

아들은 아직 뚜렷한 삶의 목적을 구체화시키지 못하고 있다. 그러나 그런 게 필요하다고 느낀다. 목표가 있는 사람들은 아들이 보기에도 표가 난다고 했다. 목표가 명확한 사람들은 스스로 무엇을 해야 하는지 다 알고 있는 듯해서 부럽다고도 했다. "그 사람들도 나처럼 분명 하기 싫고 귀찮은 게 있을 텐데 잘하는 것을 보면 그런 게 목표가 주는 힘인 거 같아"라고 말했다.

"급하게 서두를 필요는 없어. 아빠도 50세 정도 되어서야 인생의 목적과 사명의 중요성을 제대로 깨닫고 나만의 사명을 구체화하게 되었는걸."

아들의 말을 듣고 나는 천천히 찾아가면 된다고 했다. 다만 그것이 중요하다는 생각을 갖자고 이야기했다.

그런 다음에 미국의 사상가이자 시인 랄프 왈도 에머슨Ralph Waldo Emerson이 쓴 시「무엇이 성공인가」를 아들에게 소리 내어 읽어보게 했다. 그러고선 돈을 벌거나 권력을 잡거나 유명해지는 것이 성공이 아니라, 내가 인생을 살아가면서 부모, 경찰, 국가, 학교, 선생님들로부터 받은 것보다 더 많이 돌려주고 가는 것, 그래서 내가 태어나기 전보다 더 좋은 세상을 만들어놓고 떠나는 것이 진정한 성공이라는 데 생각을 같이했다.

나는 아들에게 "죽음을 맞게 되었을 때 다른 사람들이 나를 어떻게 평가하면 좋을까?" 하는 질문도 던져보았다.

"똑똑한데 나쁜 사람보다는 일단 좋은 사람이었다고 평가받고 싶어."

아들의 답이었다. 아들은 사람들이 자신을 똑똑한 사람이라기보다는 참된 사람이라고 기억해줬으면 좋겠다고 답했다. 잘난 것으로만 알려지고 싶지 않다고 덧붙였다. 의외의 수확이었다. 점점 더 인성이 중요해지는 세상이 되고 있다. 이 말을 들으니 아들의 인성은 크게 걱정하지 않아도 되겠구나 싶었다.

그리고 우리는 이렇게 합의했다. '좋은 사람이면서 똑똑한 사람, 저 사람은 크게 성공했지만 존경할 만한 사람이다'라고 평가받는 것을 목표로 살아가자고.

아들은 사람들을 많이 도와주고 싶고, 돈을 많이 벌고 싶다고 이야기했다. 내가 즐기기 위해서가 아닌 남을 위해서 돈을 많이 벌고 싶다는 아들이 대견스러웠다. 그런 생각을 한다면 크게 성공했을 때 자만하지도 망가지지도 않을 것이다.

나는 나에게 주어진 시간이 유한하다는 생각을 해야 시간을 아껴 쓰고, 뭔가 아이디어를 짜내려 하고, 더 노력하게 된다고 믿는다. 인생은 결코 무한하지 않고 유한한 시간으로 구성되어 있다는 것도 아들에게 가르쳐주고 싶었다. 그래서 핸드폰을 꺼내 우리에게 남은 시간을 함께 계산해보았다. 죽음에 대해서도 함께 이야기했다.

처음에 걱정을 많이 했다. 그런데 첫날부터 뭐가 잘 풀리는 느낌이 들었다. 그동안 아들이 더 성숙해졌나? 아니면 일방적 가르침이 아닌 질문을 통해 스스로 생각하게 한 방법이 유효했나? 아무튼 두 번째 주 토요일이 기다려진다.

내 인생의 주인공은 바로 나다. 나는 내 인생을 그리는 화가다. 내가 지금 그리는 그림만큼 내 인생은 커질 수 있다. 아직까지는 특별히 잘하는 것이 없다손 치더라도, 살아 있는 동안 꿈과 희망을 갖고 열심히 도전하며 인생을 그리는 한 내 안에 있는 무한한 능력들이 어떤 것을 만들어낼 수 있을지는 아무도 모른다. 어릴 적 에디슨이 달걀을 품으며 부화하길 기다렸을 때, 소년 마이클 조던이 골목에서 농구를 하고 있을 때 누구도 그들이 위대한 인물이 될 거라는 예상을 할 수 없었듯이 말이다.

위대한 화가 파블로 피카소Pablo Picasso는 말했다.

"넌 네가 누구인지 아니? 넌 하나의 경이야. 넌 독특한 아이야. 이 세상 어디에도 너와 똑같이 생긴 아이는 없어. 네 몸을 한 번 살펴봐. 너의 다리와 팔, 귀여운 손가락들이 움직이는 모양은 모두 하나의 경이야. 넌 미켈란젤로, 셰익스피어, 베토벤 같은 사람이 될 수 있어. 넌 그 어떤 것도 해낼 수 있는 능력이 있어. 넌 정말로 하나의 경이야."

나는 결코 하찮은 존재가 아니다. 멋지고 무한한 가능성을 갖고 있는 나는 미래의 주인공이 될 새싹이다. 지금부터 내가 맘먹고 노력하기에 따라 난 무엇이든 잘할 수 있다.

단 한 번뿐인 소중한 내 인생, 멋지게 살아보자.

내 인생은 내가 살아가는 것

우리는 스스로에게 잘 묻지 않는다.

"나는 누구인가? 내 인생의 목적은 무엇인가?"

"나는 왜 태어났나?"

"무엇이 성공하는 인생인가?"

"어떻게 사는 게 잘 사는 것일까?"

"남아 있는 내 시간을 어디에 써야 하나? 특히 인생 계획은?"

기억하자. 내 인생은 부모가 살아주는 것이 아니다. 내가 살아가는 것이다.

내 인생을 내가 살아가는 시작점은 바로 질문을 하는 것이다. 우리는 질문을 하지 않는다. 애초에 질문이 없으니 답이 없는 것은 너무나 당연하다. 그런데 이런 답을 갖지 않고 매일을 살아가는 것은 진정으로 내 인생을 살아간다고 말할 수 없다.

태어나는 것은 내 의지와 관계없이 태어났지만, 살아가는 것은 내 의지대로 살아가야 한다. 어차피 한 번뿐인 인생, 머슴이 아닌 주인으로 살아야 한다. 나의 꿈과 목표가 없으면 남의 꿈과 목표를 실현시켜주기 위해 살아야 한다. 이런 질문을 지금 하고 가지 않으면 평생 남의 인생을 살아가는 것이다. 주인이 아닌 머슴의 인생을 살아가게 된다.

내 인생의 주인으로 살기 위해 우리는 질문을 해야 한다.

성공하는 인생을 위한 방정식: 나만의 인생 계획을 수립하라

우리는 누구나 성공을 꿈꾼다. 그런데 성공이란 무엇인가?

보통 사람들이 생각하듯이 돈을 많이 벌어 부자가 되고, 높은 자리에 올라가서 권력을 잡고, 남들에게 많이 알려져서 유명세를 얻는 것이 성공일까? 부자가 되고, 권력을 잡고, 유명해졌는데 매일매일 불행하다면 과연 성공했다고 할 수 있을까?

에머슨은 성공을 다음과 같이 정의했다.

성공이란 무엇인가?

자주 그리고 많이 웃는 것

현명한 이에게 존경을 받고, 아이들에게서 사랑을 받는 것

정직한 비평가의 찬사를 듣고, 친구의 배반을 참아내는 것

아름다움을 식별할 줄 알며,

다른 사람에게서 최선의 것을 발견하는 것

건전한 아이를 낳든, 한 뙈기의 정원을 가꾸든, 사회 환경을

개선하든

자기가 태어나기 전보다

세상을 조금이라도 살기 좋은 곳으로 만들어놓고 떠나는 것

자신이 한때 이곳에서 살았음으로 해서

단 한 사람의 인생이라도 행복해지는 것

이것이 진정한 성공이다.

프랑스의 의사이자 사상가, 신학자였던 알버트 슈바이처Albert Schweitzer는 성공과 행복의 관계를 이처럼 정리했다.

"성공이 행복의 열쇠가 아니라 행복이 성공의 열쇠다. 자신의 일을 진심으로 사랑하는 사람이라면 그는 이미 성공한 사람이다. 가장 행복한 사람으로 찬양받을 만한 사람은 가장 많은 사람을 행복하게 해준 사람이다."

현존 인물 중 가장 성공한 사람을 꼽으라면 많은 사람들이 빌 게이츠Bill Gates를 떠올릴 것이다. 마이크로소프트를 창업한 그가 14년 동안 세계 최고의 부자 자리를 연속으로 차지했기 때문일까? 아니면 전 세계 거의 모든 컴퓨터가 마이크로소프트의 운영 시스템으로 돌아가기 때문일까?

물론 게이츠는 최고의 부자가 되기까지 사회로부터 많은 것을 받았다. 그러나 그가 이 사회에 공헌한 것은 그보다 훨씬 크다. 1980년대 초부터 MS-DOS, 윈도우, 그리고 인터넷 익스플로러 등을 통해 그가 자신의 꿈이기도 했던 '전 세계 모든 가정, 모든 책상 위에 컴퓨터가 한 대씩 있는 세상을 구현하겠다'는 비전을 달성한 것이, 이 세상을 정보 지식 사회로 발전시키는 데 큰 견인차가 되었음은 어느 누구도 부인하지 못할 자명한 사실이다.

또한 그는 세계 최대의 자선 사업가이기도 하다. 지금은 이혼한 전前 부인과 함께 운영하는 '빌 앤드 멜린다 게이츠 재단'은 60조 원이 넘는 기금을 운용해 세계 3대 질병 예방에 앞장서고 있다. 게이츠는 노블레스 오블리주의 정신, 즉 우리 시대의 진정한 부자의 규범적 행동 양식을 확실하게 보여주는 모범 사례다. 특히 기업이 사회적 책임을 다한 본보기가 됨으로써 페이스북의 마크 저커버그Mark Zuckerberg 등 후배 기업인들의 사회 공헌 활동을 이끌어내고 있다.

2006년 인도의 청소년을 대상으로 '가장 닮고 싶은 사람'을 조사했는데, 그 결과 그동안 늘 1위를 차지하던 간디 수상을 게이츠가 제쳤다. 그는 이제 전 세계 젊은 청소년들에게 꿈의 아이콘이 되고 있다. 기업이 이익 극대화만 추구하는 데서 벗어나 사회적 책임도 다해야 하는 것을 목적으로 삼아야 한다는 창조적 자본주의를 창안하여 이를 확산시키기 위해 분주히 뛰어다닌 덕분이다.

여러 가지 면에서 종합적으로 판단할 때 게이츠는 전 세계에서 가장 돈을 많이 번 부자라서 성공한 사람이 결코 아니다. 그는 자신이 사회로부터 받은 것보다 훨씬 더 많은 기여를 함으로써 이 세상을 더 살기 좋은 곳으로 만든 대표적인 인물이라 할 수 있고, 그렇기에 많은 사람들이 그를 성공한 사람으로 꼽기를

주저하지 않는다. [•]

　이쯤에서 성공에 대한 정의를 내려보자. "자기가 태어나기 전보다 세상을 조금이라도 살기 좋은 곳으로 만들어놓고 떠나는 것." 에머슨의 시구 중에서 이 부분이 바로 핵심 중에 핵심이라 할 수 있다.

　우리는 누구나 태어나서 죽을 때까지 사회에 기여하는 것도 있고, 사회로부터 받는 것이 있다. 기여하는 대가로 월급도 받고, 칭찬도 듣고, 명성도 얻고, 권력도 얻는다. 반면에 우리가 인식하든 인식하지 못하든 세상으로부터 받는 것도 많다. 부모는 우리를 낳아주셨고, 우리를 양육해주셨다. 선생님은 우리가 수많은 가르침을 통해 자립할 수 있게 키워주셨다. 국가는 치안과 국방을 통해 우리의 안전을 지켜주고 있다. 이웃 아저씨의 친절한 미소는 우리를 흐뭇하게 한다. 자녀의 해맑은 미소는 우리를 한없이 행복하게 해준다. 우리가 세상으로부터 받는 크고 작은, 유무형의 것들을 나열하려면 며칠 밤을 새워도 다 할 수 없을 정

● 아들은 빌 게이츠 사례에 대해 이혼과 관련해 밝혀진 사생활을 이야기하면서 과연 지금도 그가 모든 사람들에게 존경받는 사람인가에 대해 크게 의문을 제기했다. 이에 나는 충분히 일리 있는 지적이라고 말했다. 그런 배경을 감안하고 이 대목을 읽어주길 바란다.

도로 많다. 다만 인식하지 못하고 살아가는 것일 뿐이다. 평소에 공기의 소중함을 느끼지 못하는 것처럼….

지금까지 이야기한 것을 토대로 '성공하는 인생의 방정식'을 다음처럼 만들어볼 수 있다. 한 사람이 인생을 살아가는 동안 '사회에 기여하는 것의 총합에서 사회로부터 받는 것의 총합을 뺀 것'을 극대화maximizing하는 것. 그것이 바로 인생에서 성공의 크기를 결정한다.

> 성공의 크기 = Max(사회에 기여하는 것의 총합 − 사회로부
> 터 받는 것의 총합)

결국 성공하는 인생을 살아가기 위해서는 내가 가진 총자원, 즉 내가 쓸 수 있는 유한한 자원, 특히 시간이라는 자원을 어디에 어떻게 씀으로써 사회 기여를 극대화할지를 결정해야 한다.

그리고 나는 '행복한 성공'을 항상 강조한다. 행복한 성공을 하려면 우리는 이래야 한다.

첫째, 성공을 추구하는 그 과정이 올바르고, 그 과정 속에서 행복을 느껴야 한다.

둘째, 본인이 가진 무한 잠재력을 100퍼센트 개발하고 활용

할 수 있어야 한다. 잠재력이 거의 개발이 되지 않는 상태에서 주관적으로 행복을 느낀다면 행복하다고는 할 수 있으나 진정한 성공을 거두었다고는 할 수 없다. 100을 할 수 있는데 20만 하고서 자기 스스로 만족하고 있다면 결코 바람직하다고 할 수 없을 것이다.

셋째, 나만 그 성공을 누려서는 안 된다. 이 세상을 더 살기 좋은 곳으로 변화시키는 데 조금이라도 기여할 수 있어야 진정한 성공이라 말할 수 있다.

인생의 목적과 사명을 명확히 하자: 나는 왜 이 세상에 태어난 걸까?

나는 왜 이 세상에 태어난 걸까? 분명 나는 내 의지에 의해서 태어난 것이 아니다. 그럼에도 불구하고 내가 이 세상에 태어난 이유는 분명히 있다. 아무런 목적 없이 태어난 것은 아니다. 우리는 분명 자신이 이 세상에 존재하는 이유와 가치를 찾아야 한다. 그것이 바로 바람직한 인생, 성공하는 인생을 살아가기 위해 맨 먼저 해야 할 일이다.

우리가 살아가면서 가장 많은 시간을 쓰고 가장 많은 일을 하는 것이 바로 직업이다. 결국 우리가 선택하는 직업이 결국 우리의 인생과 삶을 결정짓는다고 할 수 있다. 그런데 우리는 안전하고, 돈을 많이 벌고, 남들이 우러러보는 직업을 무조건 선호하는 경향이 있다. 우리는 남들이 선망하는 좋은 직장을 들어갈 수 있기에 좋은 대학을 가려고 기를 쓰고 열심히 공부한다. 과연 그렇게 하는 것이 바람직할까?

40여 년 전 초등학교 시절 실과 시간에 배웠던 직업의 의미가 지금도 생각난다. 직업은 경제적 수단이기도 하지만, 자아실현의 장이자, 내가 사회적 가치를 실현하는 장이라는 설명이었다.

직업을 뜻하는 여러 가지 영어 단어 중 콜링calling이라는 단어가 있다. 원래는 종교적 의미를 내포하고 있다. '하느님이 나를 세상에 내보낼 때 특정한 목적을 부여했기에 나는 내게 주어진 소명을 충실하게 수행해야 한다'는 의미를 담고 있다. 이 콜링이 바로 내가 이 세상에 태어난 소명이자 목적이라 할 수 있다. 내가 태어난 이유를 찾는 것, 즉 세상을 살아가는 동안 경제적 목적을 위해, 자아실현을 위해, 사회적 가치를 창출하고 사회에 보답하기 위해, 내가 무엇을 하고 살아야 하는지를 결정하는 것이 바로 인생의 목적과 소명을 찾는 것이다. 직업이 무엇이든지 간에 소중하지 않은 직업은 없다. 소명과 목적의식이 뒷받침된다면 직업의 진정한 의미가 빛을 발할 수 있다.

나의 목적과 소명을 명확히 할 때 우리는 흔들리지 않는 삶을 살아갈 수 있다. 평생 동안 내가 태어난 목적을 알고 그것을 이루기 위한 삶을 살아간다면, 남들의 시선에 크게 흔들리지 않을 뿐더러 남이 잘하는 것을 시기하거나 질투하지 않고 남들을 경쟁자로 보는 것이 아니라 나의 사명과 목적을 달성하기 위한 협력자로 생각하며 살아갈 수 있다. 세상의 풍파에 쉽게 흔들리지 않고 인생의 목적과 소명을 북극성 삼아 내 갈 길을 묵묵히 걸어갈 수 있다.

그렇다면 나의 소명과 인생의 목적을 찾기 위해선 어떻게 해야 하나? 무엇보다 타고난 소질을 제대로 파악하는 것이 중요하다. 어떤 이는 내가 잘하는 것을 하라고 하고, 어떤 이는 내가 좋아하는 것을 하라고 한다. 둘 다 일리가 있다. 잘하는 것을 계속하다 보면 점점 더 자신감도 생기고, 하는 일에 재미를 붙여서 즐길 수 있는 경지에 이른다. 반대로 내가 좋아하는 것을 계속하다 보면 그것을 잘하게 될 가능성도 분명히 있다.

가장 좋은 방법은 내가 잘할 수 있는 것과 내가 즐길 수 있는 것이 맞닿는 영역을 찾는 것이다. 이 부분을 '운명의 원circle of destiny'이라 한다. 운명의 원을 찾을 때까지는 최대한 다양한 경험을 통해 여러 영역을 접해보는 것이 좋다.

우리 인간에게는 공부만 중요한 것이 아니다. 하버드대학교 교육심리학 교수인 하워드 가드너Howard Gardner는 다중 지능 이론을 이야기했다. 이 이론에서는 지능이 단일하지 않고 다양한 영역으로 구성되어 있으며, 사회문화적 환경과의 상호 작용을 통해 발달한다고 본다. 가드너에 따르면, 체육, 수리 등 9가지 영역의 재능이 있다. 이 중에는 분명 누구나 잘하고 좋아하는 영역이 존재한다.

우리는 정규 교육 과정에서 국어, 영어, 수학에 배점을 많이 주고 이 세 과목을 잘하지 못하면 공부를 못하고, 능력이 없고, 머리가 좋지 않다고 지레짐작한다. 그러나 사람의 재능에는 이것들 외에도 다양한 영역이 있다. 모든 사람은 이 중 한 개 이상에서 남들보다 특별한 재능을 갖고 있다. 그러므로 자신에게 가장 잘 맞는 재능을 빨리 찾아서 그 분야를 집중적으로 개발해 최고 수준까지 끌어올리는 것이 중요하다.

본인이 잘하는 것과 좋아하는 영역을 찾았다면, 그것을 끝까지 갈고닦아서 사회에 공헌할 수 있는 길과 방법을 알아내야 한다. 마약, 게임 중독, 알코올 중독 등 사회의 악이 될 수 있는 소수의 영역을 제외하면 대부분이 좋아하고 잘하는 영역에서 분명 사회에 도움되는 일과 가치를 찾을 수 있을 것이다. 그런 다음

이를 인생의 목적과 사명으로 명확히 설정하는 것이 필요하다.

인생의 목적과 사명을 정할 때 유익한 한 가지 방법은 자신의 묘비명을 미리 써보는 것이다. 인간은 누구에게나 기억되고 싶어 한다. 진정한 죽음은 육체적인 사망이 아니라 세상에서 잊히는 것이다. 여러분은 어떤 사람으로 기억되기를 바라는가? 이런 옛 격언이 있다.

"당신이 세상을 떠났을 때 사람들이 당신에 대해 어떻게 말하는지 알고 싶은가? 그렇다면 스스로 묘비문을 미리 써놓고 거기에 따라 살도록 하라."

경영학의 대가 피터 드러커Peter Drucker는 "만일 당신이 인생 초반에 '당신은 어떻게 기억되고 싶은가?'라고 묻는 도덕적 권위를 갖춘 사람을 만난다면, 그리고 살아가는 동안 스스로 끊임없이 그 질문을 던질 수 있다면 당신은 행운아다!"라고 말했다. 드러커가 저서 『프로페셔널의 조건』에서 소개한 일화는 우리에게 많은 깨우침을 준다.

열세 살이 되던 해에 종교 과목을 가르치던 필리글러 신부님이 어느 날 교실에 들어서자마자 학생들 한 사람 한 사람에게 "너는 죽은 뒤에 어떤 사람으로 기억되기를 바라느냐?"라는 질문을 했다. 물론 아무도 대답을 못 했다. 잠시 후, 신부님은 껄껄 웃으시며 다음과 같이 말했다.

"나는 너희들이 대답할 수 있을 것으로 기대하지 않았다. 너희들은 이 질문에 대답하기에는 아직 어리다. 하지만 50세가 될 때까지도 여전히 이 질문에 대답을 할 수 없다면, 그 사람은 인생을 잘못 살았다고 봐야 할 거야."

마침내 우리는 고등학교 졸업 60주년 동창회를 가졌다. 졸업 후 서로 만나지 못했기 때문에, 처음 만났을 때 우리 모두는 어색한 말만 주고받았다. 조금 지나자 누군가가 그 이야기를 꺼냈다.

"너희들 필리글러 신부님 기억나니? 그때 신부님이 하신 질문도?"

우리 모두는 필리글러 신부님과 그분이 하신 질문을 기억하고 있었다. 그날 모인 친구들은 모두 그 질문이 자신들의 인생을 크게 바꾸어놓았다고 말했다. 비록 마흔 살이 될 때까지는 그 질문의 뜻을 잘 이해하지 못했지만 말이다.

나는 90이 넘은 지금도 여전히 그 질문을 계속하고 있다.

"나는 어떤 사람으로 기억되기를 바라는가?"

이 질문은 우리 각자를 스스로 거듭나는 사람으로 되도록 이끌어준다. 왜냐하면 이 질문은 우리로 하여금 자기 자신을 다른 시각에서 바라보도록, 즉 자신이 앞으로 '될 수 있는' 사람으로 보도록 압력을 가하기 때문이다. 만약 당신이 행운아라면, 당신은 인생 초반부에 필리글러 신부와 같은 도덕적 권위를 갖춘 사람을 만나게 될 것이고, 그 사람의 질문은 당신으로 하여금 살아가는 동안 내내 자기 자신을 되돌아보게 해줄 것이다.

내가 죽음을 맞이했을 때 사람들이 나를 어떻게 기억해주기를 바란다는 것은 스스로가 인생의 정체성을 뚜렷하게 갖고 있다는 의미다. 그리고 사람들의 그 기억은 자신이 인생의 목적과 소명을 뚜렷하게 갖고 그것을 달성하기 위한 삶을 오랜 시간 살아왔다는 증거가 될 수 있다.

철강왕 앤드류 카네기Andrew Carnegie는 자신의 묘비에 이렇게 적었다.

"자신보다 현명한 사람들을 주위에 모으는 방법을 알던 사람, 여기에 잠들다."

여러분도 묘비명을 작성해보라. 장차 다른 사람들은 여러분을 어떻게 평가할까? 어떤 삶을 살고, 어떤 사람으로 기억되길 원하는가?

소명과 인생의 목적이 자신의 안위만을 위한 것이어서는 안 된다. 전 세계 인구의 0.25퍼센트에 불과한 유대인이 노벨상 수상자의 30퍼센트 가까이를 차지하고 있다. 뿐만 아니라 글로벌 정치, 경제, 금융, 문화 분야를 좌지우지할 정도로 막강한 영향력을 행사한다. 그런 유대인의 사상 중에 '티쿤 올람Tikkun Olam'이라는 것이 있다. 신이 만든 세상을 완벽하다고 보는 기독교와 달리, 유대교는 신이 만든 세상이 선천적으로 좋지만, 신이 의도적으로 자신의 창조 사업을 향상시킬 수 있는 여지를 남겨놓았다고 본다. 즉 신의 창조 사업은 아직 끝나지 않았다는 것이다. 그래서 이들은 인간이 신의 파트너로서 이 세상을 더욱 완벽하게 만들어야 하는 의무가 있다고 생각한다.

유대인은 세상을 좀 더 나은 곳으로 만드는 것이 신에게 헌신하는 것이며, 자신의 존재 이유가 된다고 믿는다. 이것이 바로 티쿤 올람 사상이다. 티쿤 올람은 '세상을 개선시키다'라는 의미로, 티쿤Tikkun은 히브리어로 '고치다, 다시 세우다'를, 올람Olam은 '세상'을 뜻한다. 유대인은 13세가 되면 성인식을 치르는데, 이때 랍비가 "사람은 왜 사는가?"라고 물으면 아이들은 "티쿤 올람"이라고 대답한다고 한다. 유대인은 자신들의 율법을 완수하고 선행과 자선을 행함으로써 세상에 모범을 보여야 한다고 생각한다. 이것이 바로 유대인의 '집단 메시아 사상'이다. 한 사람 한 사람이 세상을 구원하는 메시아가 되어 노력한다면 세상을 더 나은 곳으로 이끌 수 있다는 것이다. 유대인인 페이스북 창업자 마크 저커버그가 "한 사람 한 사람이 목적의식을 갖는 것이 진정한 행복의 핵심이고, 우리 사회를 진전시킬 수 있는 방법"이라고 했듯이 말이다. 이렇게 어려서부터 티쿤 올람을 배우며 세상에 기여하겠다는 목적의식을 지닌 유대인은 자라면서 자신만의 기여 방식을 찾는다.

티쿤 올람을 한마디로 말하면 우리는 세상을 더 좋은 곳을 만들기 위해 이 세상에 태어났다는 것이다. 즉 나만의 이익을 위해 세상을 살지 말고 더 좋은 세상을 만드는 것을 사명으로 생각하라는 것이다. '널리 세상을 이롭게 하라'는 우리 민족의 홍익인간과 유사한 사상이라 할 수 있다. 내가 좋아하는 것, 내가 잘하는 것과 더불어 더 좋은 세상을 만들 수 있는 것을 포함해서 나의 인생의 소명을 찾고 내 인생의 목적을 명확히 하자. 그럴 때 우리는 매일매일 흔들리지 않고 행복하게 삶을 살아갈 수 있고, 매일매일 성공을 축적해갈 수 있다.

TIP

하워드 가드너의 다중 지능 이론

하버드대학교 교육심리학 교수인 하워드 가드너의 다중 지능 이론을 간략히 소개해보겠다. 지능을 단일한 구조로 설명했던 이전의 이론들과 달리, 가드너는 지능이 여러 가지 영역으로 구성되어 있다고 설명했다. 그리고 수학, 언어와 같은 특정 영역을 지능의 주요한 개념으로 보고 지능이 뛰어나면 모든 분야에서 우수한 능력을 보인다는 전통적인 입장에 반대하며, 다양한 지능의 영역은 상호 독립적이어서 한 분야에서 뛰어나더라도 그것이 반드시 다른 모든 영역에서도 뛰어남을 의미하지는 않는다고 주장했다. 또한 지능이 불변하는 고정적인 것이 아니라 가변적인 것이며, 특정 문화권에서의 요구 및 사용 비중 등에 따라 발전하는 영역이 달라질 수 있다고 여겼다.

다중 지능 이론에서는 다음처럼 9개의 지능 영역이 존재한다고 가정한다.

1. 언어지능: 말이나 글을 사용하고 표현하는 능력.

2. 논리수학지능: 숫자나 기호, 상징 체계 등을 습득하고 논리적·수학적으로 사고하는 능력.

3. 공간지능: 그림이나 지도, 입체 설계 등 공간과 관련된 상징들을 습득하는 능력.

4. 음악지능: 화성, 음계와 같은 음악적 요소와 다양한 소리들을 파악하고 표현하는 능력.

5. 신체협응지능: 목적에 맞게 신체의 다양한 부분을 움직이고 통

제하는 능력.

6. 인간친화지능: 타인들의 기분이나 생각, 감정, 태도 등을 파악하고 이해하며, 적절하게 반응하고 교류, 공감하는 능력.

7. 자기성찰지능: 자신의 성격이나 성향, 신념, 기분 등에 대해서 성찰하고, 자신의 내적 문제들을 해결하는 능력.

8. 자연친화지능: 자연을 분석하고 상호 작용하는 능력.

9. 실존적 지능: 영성, 삶의 의미, 희로애락, 인간의 본성, 삶과 죽음과 같은 실존적 문제들에 대해서 고민하고 사고하는 것과 관련된 능력.

가드너는 모든 개인은 9개의 지능 영역을 전부 가지고 있으며, 적절한 환경이 조성되었을 때 누구나 이 영역들을 어느 정도까지 개발할 수 있다고 했다.

다중 지능 이론은 지능의 다양성, 가변성, 문화와의 상호 작용에 대해서 강조함으로써, 기존 IQ 중심의 지능 이론에서 획일화되고 문화적인 상대성을 간과했던 문제점을 보완했다. 이와 더불어 개인마다 강점과 약점이 있음을 설명함으로써, 강점은 개발하고 약점은 보완하도록 하여 각 개인의 가능성을 극대화하도록 하는 인식의 변화를 제공했다.

타임 디자이너가 되어야 하는 이유

"죽음을 망각한 생활과 죽음이 시시각각으로 다가옴을 의식한 생활은 두 개가 완전히 다른 상태다. 전자는 동물의 삶에 가깝고, 후자는 신의 상태에 가깝다."

이는 러시아의 대문호 레프 톨스토이Lev Tolstoy의 명언이다.

죽음을 인식하는 삶과 그렇지 않은 삶은 완벽하게 다르다. 죽음을 인식한다는 것은 인생을 유한한 시간으로 인식하는 것이다. 죽음을 인식하지 않고 살아가는 것은 인생이 마치 무한대로 계속된다고 생각하는 것과 같다. 무한대로 주어진 자산은 가치가 없다. 아껴 쓸 생각은 못 하고 낭비를 일삼게 된다. 얼마가 되든 간에 나에게 주어진 시간이 유한하다는 생각을 하게 되면 시간의 소중함을 알게 되고 그 시간을 아끼며 소중하게 사용하게 된다. 시간을 소중하게 생각하며 살아가는 삶과 시간을 허투루 쓰면서 살아가는 인생은 시간이 갈수록 점점 격차가 더 벌어지기 마련이다.

우리는 마치 우리 앞에 무한대의 시간이 있는 것처럼 시간을 의식하지 않고 살아간다. 그러나 우리는 분명 유한한 시간만큼만 세상을 살아간다.

인간의 평균 수명은 점점 길어지고 있다. 과학의 발달에 따라 앞으로는 더 오랫동안 살아갈 것이다. 지금 평균 수명은 80세 정도다. 그러나 지금 10대인 젊은이들은 아마도 100년 이상 살 수도 있을 것이다.

만약 100년을 더 살 수 있다면 우리가 쓸 수 있는 시간은 얼마나 될까? 무려 876,000시간이다. 엄청난 시간이다. 언뜻 무한한 것처럼 보인다. 그런데 하루에 일곱 시간을 잔다면 255,000시간을 잠자는 데 쓰게 된다. 하루에 세 시간을 식사하는 데 쓴다면 109,500시간을 사용하게 된다. 출퇴근 시간에 두 시간을 쓴다면 73,000시간을 일하러 가는 데 써야 한다. 하루에 한 시간씩 드라마를 본다면 36,500시간을 날려버리게 된다. 결국 자고, 먹고, 출퇴근하고, 드라마 보는 데 쓰는 시간을 빼고 나면 겨우 402,000시간밖에 남지 않게 된다. 게임하느라, 의미 없는 수다를 떠느라, 싸우느라, 쓸데없는 걱정을 하느라 쓰는 시간까지 계산에 넣으면 정말이지 내가 나의 인생을 위해서 생산적으로 쓸 수 있는 시간이 얼마 없음을 누구나 알 수 있다.

그래서 사람들은 말한다. 이 세상에 가장 소중한 자산은 시간이라고. 지나고 나면 결코 돌이킬 수 없어서다. 부자나 가난한 사람이나 똑똑한 사람이나 무식한 사람이나, 누구에게나 똑같이 주어진 것이 시간이라는 자산이다. 결국 시간을 얼마나 생산적으로 쓰느냐 하는 것은 그 사람의 인생에서 성공과 행복을 좌우

하는 가장 중요한 척도가 된다.

결국 인생이란 것은, 더 나아가 인생의 성공은 이렇게 정의할 수 있다.

"누구에게나 공평하게 주어진 시간이라는 희소 자원을 나의 사명과 목적 달성을 위해 가장 효과적으로 투자함으로써, 나의 잠재력을 극대로 개발하고, 그 잠재력을 최대한 활용해서 세상을 더 살기 좋은 곳으로 만들어놓고 떠나가기 위한 지난한 과정이다."

인생을 잘 살아가기 위한 계획을 수립한다는 것은 나의 유한한 자원인 시간을 어디에 어떻게 쓸지를 결정하는 셈이다. 이렇게 정의를 내리고 나면 하루하루 주어지는 24시간이 결코 가볍게 보이지 않을 것이다.

시간은 누구에게나 똑같이 주어진다는 사실이 한편으론 타당하지만 한편으로는 맞지 않는 이야기이기도 하다. 물론 물리적으로 주어지는 시간은 누구나 같다. 그러나 그 시간의 질은 분명 사람마다 다르다. 엄밀히 말하면 아마존 회장 제프 베이조스와 일당이 10만 원인 노동자의 시간의 값은 같다고 할 수 없다. 결국 물리적 시간은 누구에게나 공평하게 주어지지만, 내 인생에서 내가 얼마나 열심히 공부하고 내 가치를 높이는가에 따라 질적 시간이 크게 차이가 날 수밖에 없다. 심지어 내가 시간을 어떻게 쓰느냐에 따라 질적인 시간뿐만 아니라 물리적 시간도 늘릴 수가 있다. 만약 건강 관리에 더 많은 신경을 써서 육체적·정신적으로 더 건강하게 살아간다면 건강 수명도 늘어나고 그만큼 자신이 쓸 수 있는 물리적 시간도 늘려나가는 것이 가능하다.

우리는 인생 전체를 '타임 디자인적 관점'에서 바라보고 살아갈 필요가 있다. 즉 내가 가진 시간을 얼마나 생산적으로 쓸 것인가 하는 주제를 일종의 전략적인 자원 배분 개념으로 바라보아야 한다. 그래서 인생 전체를 놓고 전략적으로 자원 배분 계획을 수립해야 함은 물론, 매일매일 주어진 24시간 역시 생산적으로 쓰기 위해 계획적으로 살아가야 한다. 인생 전체를 놓고 시간을 어떻게 쓸지 그랜드 디자인을 하고, 매년 연초가 되면 올해 시간을 어떻게 쓸지 계획을 수립하고, 매달, 매주, 그리고 매일매일 나에게 주어진 단 한 번뿐인 소중한 시간을 어디에 어떻게 활용할지 계획하고, 또 잘 사용했는지를 평가하고 반성하는 시간을 갖는 사람의 인생은 그렇지 않은 사람의 인생과 천양지차일 것이다.

희소 자원인 시간을 전략적으로 잘 쓰는 한편, 누구에게나 공평하게 주어진 물리적인 시간의 가치를 극대화하기 위해 나의 지식과 경험과 스킬을 높이기 위한, 즉 나의 가치를 높여가기 위한 투자를 전략적으로 계획하고 실행해나가야 한다. 특히 능력

치를 올리기 위한 투자, 다시 말해 공부와 건강에 대한 투자를
어린 나이에 젊었을 때 할수록 내 전체 시간의 가치는 점점 더
커지고 그만큼 인생의 성공과 행복이 비례해서 커질 수 있다는
사실을 명심하자.

아빠가 죽음에 대한 이야기를 꺼내셨다. 무슨 의미인지는 알 겠는데 두렵다는 생각이 들었다. 그런 말은 안 하셨으면 좋겠는 데… 그런데 아빠는 죽음을 생각하는 게 목표가 아니라, 나에게 주어진 시간이 무한대가 아니라 유한하다는 것을 이야기해주고 싶어서 그랬다고 변명(?)하셨다.

아빠는 '나는 누구인가?', '내 인생의 목적은 무엇인가?' 하는 큰 질문들을 주로 던지셨다. 솔직히 지금까지 한 번도 생각해본 적이 없는 주제여서 당황스러웠다. 아직도 정답은 모르겠다. 그 러나 내 인생에 뭔가 목적이 있을 거라는 사실, 그것을 명확하게 정의 내리면 방황을 덜 하게 될 거라는 느낌은 들었다.

나는 죽을 때 어떤 생각이 들까 하고 깊이 생각해보았다. 그래서 이런 결론을 내렸다.

'착하고 인격적으로 훌륭하고, 성격 파탄 안 나고, 내가 잘하는 것에 대해 큰 꿈을 꾸고, 사회 공헌을 많이 한 사람, 아빠 말씀대로 내가 태어나기 전보다 더 살기 좋은 세상을 만들어놓고 떠나간다는 자부심을 가질 수 있으면 참 좋겠다.'

사람들을 많이 도와주고 싶다. 그러려면 성공해야 한다. 내가 돈이 많으면 누굴 먼저 도와주겠냐는 아빠의 질문에 나는 내 주변 사람들, 가족과 친구들 먼저 돕고 싶다고 말했다. 왜냐면 그들이 나에게 가장 소중한 사람들이니까…. 아무리 좋은 사람들이라도 가족과 친구를 배신하면 안 된다. 그 사람들 먼저 도와야 한다.

그다음에는 세상에서 제일 힘든 사람들 많이 도와주고 싶다. '남들을 많이 도와주기 위해 돈을 많이 벌고 싶다'고 생각을 정리하게 되어서 기뻤다. 목표가 조금은 생긴 것 같다.

아빠는 돈에 대한 내 가치관이 좋다고 칭찬해주셨다. 돈은 목적이 아니고 수단이다. 나는 돈에 제약받지 않도록 많이 벌고, 가족을 위해 쓸 돈을 빼고는 사회에 기부하고 싶다고 말했다. 아빠는 돈을 사회에 공헌하기 위해서 쓰는 것보다 중요한 것은 돈을 버는 수단이 깨끗해야 한다고 말씀해주셨다. 사회에 가치 있는 일을 해서 그 가치에 대한 보상으로 돈을 버는 것이 올바른 방법이라고도 하셨다. 그러면서 사회에 끼치는 가치가 커질수록 더 큰 돈을 벌 수 있다고 강조하셨다. 또한 세상이 놀랄 만한 부자가 되기 위해서는 남들이 안 하는 것을 해야 한다고 이야기하셨다. 남들이 하지 않는 일, 사회에 도움이 되는 일이 뭐가 있을까 많이 고민이 된다.

아빠는 아빠 회사가 다른 사람과 회사의 행복한 성공을 돕는 일을 한다고 설명해주셨다. 더 많은 사람과 더 많은 회사들이 휴넷으로 인해 행복하고 더 성공하면 이에 비례해서 아빠 회사의 성공이 커진다고 자랑스럽게 이야기하셨다. "너도 만약 훌륭한 프로그래머가 되어서 많은 사람들이 더 발전할 수 있도록 도울 수 있으면 네 인생도 멋진 것이 될 거란다"는 말씀과 함께.

오늘 아빠와의 첫 대화는 매우 흥미로웠다. 중학교 때 이런 이야기를 미리 해주셨으면 더 좋았을 거라고 투정하자, 아빠는 그때도 수없이 말했는데 내가 전혀 듣지 않았다고 하셨다. 아마도 그때는 반항심이 컸던 것 같다. 나는 친구들에 비해 사춘기가 늦게 오고 오래간 듯하다. 이제라도 이런 생각들을 긍정적으로 받아들이게 된 게 얼마나 다행인지 모르겠다.

　행복이 먼저인지, 성공이 먼저인지 하는 주제도 재미있었다. 아빠와의 오늘 대화에서 무엇보다 가장 생각에 남는 것은 시간의 중요성에 대한 것이다. 나는 그동안 시간에 대해서 크게 생각하지 않았다. 그런데 아빠랑 대화하다가 내 인생에서 남아 있는 시간, 그리고 잠자고 먹고 하면서 무가치하게 써버리는 시간이 엄청 많다는 사실을 확인하고 깜짝 놀랐다.

　또한 실제로 나에게 남아 있는 시간이 무한하지 않다는 사실을 알게 되었고, 게임하면서 그냥 한두 시간 보내는 것, 유튜브에 너무 많은 시간을 쓰는 것은 뭔가 잘못된 거구나 싶었다. 그런데 유튜브나 게임을 끊기는 정말 어렵다. 아빠랑 이야기를 나누었다. 공부할 때는 핸드폰을 손에 안 닿는 곳에 멀리 놓아두는 게 좋겠다고 말씀드렸다. 그동안 엄마 아빠가 핸드폰 보지 말라고 이야기할 때는 괜히 간섭한다고 기분이 별로 안 좋았는데, 내가 스스로 그런 생각을 하게 된 것이 놀랍다.

　아빠랑 같이 이야기한 '성공하는 인생의 방정식'도 좋았다. 이번에는 다 정하지 못했지만, 어느 시점이 되면 나도 내 인생의 목적을 분명히 할 필요가 있겠다는 생각을 했다.

#꿈

#비전

#목표

#가족 비전 워크숍

#탈무드

#꿈을 글로 쓰기

Question 2.

지금 당장은
실현 불가능한 꿈이 있니?

우리는 자신이 꾸는 꿈의 크기만큼 자란다. 내 인생을 돌이켜 봐도 이는 명확한 사실이다. 물론 꿈이 크면 그에 비례해서 장벽도 높아진다.

하지만 요즘의 청소년은 원대한 꿈을 꾸기보다는 소소한 데서 행복을 느끼는 소확행을 좋아하고, 위험을 무릅쓴 도전보다는 편안하게 안주하는 삶을 추구하는 경향이 있다고 많이 들어왔던 터다. 그래서 아들에게 무조건 큰 꿈을 가지라고 강력하게 권하다가는 역작용만 불러일으킬 것 같았다. 대신 많이 돌려서 질문하고, 대화를 나누면서 아들이 큰 꿈을 갖고 싶다고 스스로 말하게 되기를 바랐다.

그래서 두 번째로 대화를 나누던 날, 나는 아들에게 이런 질문들을 했다.

"꿈은 큰 게 좋아? 작은 게 좋아?"

"'꿈의 크기만큼 자란다'는 말에 대해 어떻게 생각하니?"

그런데 내 예상은 여지없이 빗나갔다. 다행히도 아들은 큰 꿈을 갖는 데 거부감이 없었다. 오히려 세상에서 제일가는 기업가, 부자가 되고 싶다고 했다. 내가 자녀들과 그렇게 많은 이야기를 해왔던 것은 아니나, 항상 '꿈을 크게 갖는 것이 좋다'고 말했던 것이 은연중에 영향을 미쳤던 게 아닌가 싶었다.

아들이 초등학교 입학할 때쯤 우리 네 식구는 1박 2일 비전 워크숍을 인천의 한 펜션으로 간 적이 있었다. 원래 초등학교 고학년이던 딸이 워크숍의 타깃이었지만, 당시 아들도 함께 비전 보드를 만들었다. 비전 보드는 장래에 되고 싶고 갖고 싶은 것들을 적은 버킷 리스트를 작성하게 하고 여기에 사진을 오려 붙여서 만들었다. 그런 다음 아이들이 직접 이를 가족 앞에서 설명하도록 했다. 그렇게 가족의 일상생활 속에서 늘 꿈과 비전을 이야기했던 것이 알게 모르게 아이들이 큰 꿈을 갖게 하는 효과로 나타난 게 아닌가 하는 생각이 들어 괜스레 기분이 좋아졌다.

다행히 대화를 통해 아들로부터 큰 꿈을 갖는 것이 중요하다는 생각을 넘어, 본인도 뭔가 큰일을 하는 사람이 되어야겠다는 다짐을 이끌어내는 큰 소득을 얻었다. 그러나 인생 전체의 꿈과 비전을 갖게 하기에는 아직 갈 길이 멀다는 것을 우리 둘 다 잘 알고 있었다.

그런데 아들은 이를테면 세계 1등 부자가 되는 것도 중요하다고 이야기하면서, 주제와는 다소 다른 엉뚱한 대답, 즉 '아무리 부자가 되는 것도 좋지만 인격 파탄 이런 것은 절대 안 된다'고 했다. 아들은 타고난 성향상 어렸을 때부터 늘 규칙을 지키려고 애썼다. 하지 말라고 하는 것은 절대 하지 않는 등 준법정신이 투철한 것을 진작 알고 있었지만, 아들의 윤리의식이 내 생각보다 훨씬 강하다는 것을 이번 기회에 확인했다. 대화를 할수록 아들에 대한 신뢰가 깊어졌다.

아들은 꿈이 클수록 좋은 것은 알고 있지만 자신에게는 아직 구체적인 꿈이 없다고 했다. 왜 그러냐고 묻자, 아직 미래가 안 잡힌다고 답했다. 이에 나는 서두르지 말자고 했다. 아들 말이 사촌인 콜은 아빠를 포함한 집안 전체가 대대로 의사라서 본인도 쉽게 의사라는 꿈을 가질 수 있었지만 자신은 그런 게 없다고 했다. 나는 쉽게 꿈을 가질 수 있는 환경이 되면 좋겠지만 그렇지 못하더라도 실망하지 말자고 했다. 그러면서 꿈이 있으면 목표가 생기기 마련이고, 그 꿈이 클수록 하기 싫고 귀찮은 것을 극복할 수 있을뿐더러 시간을 허비하는 것을 줄여 목표에 집중할 수 있다며 꿈에 대한 좋은 점을 함께 이야기했다. 내가 좋아하고 내가 잘하는 일을 목표로 설정하면 지치지 않고 즐기면서 인생을 살아갈 수 있다는 데에 공감하기도 했다.

한국 사람은 남들이 하면 무조건적으로 따라서 하는 경향이 있다. 이와 달리 유대인은 뭐든 남들과 다르게 한다. 나는 그것이 바로 유대인이 노벨상을 많이 수상한 이유 중 하나라고 생각한다. 노벨상은 있는 것을 더 잘 만드는 것이 아니라, 세상에 없던 것을 발견하거나 만든 사람에게 돌아가기 때문이다.

남과 다른 나만의 목표를 찾으라는 의미에서 아들에게 티쿤 올람 사상을 비롯해서 유대인 이야기를 많이 해주었다. 그러자 아들은 내가 유대인을 너무 좋게만 보고 있다고 주장했다. 미국에서는 꼭 그렇지 않다는 설명을 곁들이면서 말이다.

아들이 아직 인생 전체의 큰 꿈과 비전을 구체화하지는 못했다. 하지만 인생 전체로 볼 때 1년 남은 고등학교 생활을 잘 보내고 명문 대학에 입학하는 것이 너무나 중요하니, 열심히 해서 하버드, 스탠퍼드, MIT 중 하나에 입학할 수 있도록 해보자는 데 뜻을 같이했다. 그리고 아들은 하버드대학교에 가겠다는 목표를 천장에 붙여놓고 매일 자기 전에 읽어보겠다고 먼저 말했다. 사실 나는 비전을 눈에 띄는 곳에 써놓고 주변 사람들에게 계속 이야기하고 매일매일 손으로 쓰면 비전이 현실화될 가능성이 높다고 믿기에 아들에게도 그 이야기를 하려다가 꾹 참고 있었다. 그런데 아들이 그렇게 해보겠다는 말을 스스로 꺼냈다. 점점 더 아들이 잘하고 있다는 믿음이 내 마음속에서 커지고 있다.

오늘의 목표는 충분히 달성했다는 생각이 들었다. 아들이 좋아하는 고기를 먹으러 가자며 원래 계획보다 일찍 대화를 마무리했다. 집에 있는 아내에게 아들이 서서히 변하고 있다고 메시지를 보냈더니 아내도 관심을 보였다. 우리가 이 프로젝트를 처음 시작할 때 아내는 "시도해볼 만은 하지만, 그동안의 히스토리를 볼 때 큰 성과를 내기가 어려울 것 같다며 차라리 그 시간에 공부를 더 하면 좋지 않겠냐"고 말했었다.

대화의 힘이 크다는 것을 새삼 느끼게 되었다. 일방적인 가르침이나 훈계를 전하기보다는 대화를 하기 잘했다 싶다. 아들과 서로 깊이 이해하게 되고, 무엇보다 아들에게 스스로 목표를 갖고 싶다는 생각을 확실히 심어주었으니. 다음에는 더 좋은 질문을 뽑아서 보다 유익한 시간을 보내야겠다고 다짐을 해본다.

우리는 자신의 꿈 크기만큼 자란다

일본인이 관상어로 많이 기르는 코이라는 잉어가 있다. 이 코이는 작은 어항에 넣어 키우면 5~8센티미터밖에 자라지 않는다. 그러나 아주 커다란 수족관이나 연못에 넣어두면 15~25센티미터까지 자란다. 그리고 강에 방류하면 90~120센티미터까지 성장한다. 원래 코이는 1미터까지 자랄 수 있는 잠재력을 갖고 태어난다. 그러나 처한 환경에 따라 그 잠재력이 발휘되는 정도가 다르다. 사람도 마찬가지다. 다만 코이는 스스로 살아가는 환경을 선택할 수 없는 반면, 사람은 스스로 환경을 선택할 수 있다는 차이가 있다.

코이를 사람으로, 크기를 점수로 바꾸어 생각해보자. 사람은 누구나 100점짜리 인생을 살아갈 수 있는 잠재력을 갖고 태어나지만 누구는 10점짜리로 인생을 마감하고, 누구는 30점짜리 인생에 만족하고, 누구는 100점짜리 인생을 살아간다.

과학자들은 통상 사람의 발전에 유전자, 환경, 교육이 각각 30퍼센트씩 영향을 미친다고 한다. 유전자 부분을 제외한 나머지 3분의 2는 우리가 어떤 생각을 가지고 어떤 노력을 기울이느냐에 따라 달라질 수 있다는 것이다.

나는 우리의 인생 성패를 결정짓는 많은 요소 중에서 가장 막강하게, 그리고 가장 먼저 영향을 미치는 것이 바로 '꿈의 크기'라고 믿는다. 사람은 누구나 자신이 꾸는 꿈의 크기만큼 자란다. 100점짜리 꿈을 꾸면 70~80점까지는 이룰 수 있다. 그런데 10점짜리 꿈을 꾸면 그 꿈을 다 이룬다 해도 겨우 10점짜리 인생을 살아갈 수 있을 뿐이다.

『백만장자의 정신』이라는 책의 한부분을 소개한다.

백만장자 1,300명을 대상으로 진행된 연구 조사 결과, 백만장자의 공통점은 다음과 같습니다. 첫째로, 그들은 꿈이 있었습니다. 즉, 그들은 내일을 어떻게 만들 것인가에 대한 비전이 있었습니다. 둘째로, 그들은 기본기에 충실한 삶을 살았습니다. 그들에게는 어떤 특별한 비결이 있었던 것이 아니라 누구나 다 알고 있는 것을 바탕으로 성실하게 꿈을 이루어나갔던 것입니다.

특히 젊을 때일수록 더 큰 꿈을 꾸어야 한다. 나에게 주어진 시간과 자원이 그만큼 많기 때문에 그 꿈이 현실화될 수 있는 가능성이 그만큼 높다. 물론 현실적으로 큰 꿈을 꾸는 데 어려움이 많다는 것을 잘 알고 있다. 개천에서 용이 나오는 시대는 점점 저물고 있다. 그럼에도 불구하고 큰 꿈을 꾸는 사람은 인생을 크고 멋지게 살아갈 가능성이 높은 것은 명확한 사실이다.

영화「터미네이터」로 잘 알려진 할리우드 영화배우 아놀드 슈왈제네거Arnold Schwarzenegger는 큰 꿈을 바탕으로 자신의 운명을 바꾼 사람 중의 하나다. 오스트리아 그란츠라는 작은 산골 마을, 시독하게 가난한 집안에서 태어난 그는 15세 때 이혼한 술주정뱅이 아버지와 몇 살 위의 형과 함께 아메리칸 드림을 안고 미국 캘리포니아로 이민을 간다. 그런데 아버지를 닮아 역시 술주정뱅이였던 형은 교통사고로 일찍 사망한다. 슈왈제네거는 한 치 앞도 안 보이는 상황이었으나 누가 봐도 불가능한 꿈을 꾸었다.

첫째, 그는 영화배우가 되겠다는 꿈을 꾸었다. 둘째, 케네디가의 여인과 결혼하겠다는 꿈을 꾸었다. 셋째, 2005년에 캘리포니아 주의 주지사가 되겠다는 꿈을 꾸었다.

슈왈제네거는 본래 대단한 약골이었다. 15세부터 보디빌딩을 시작해 놀라운 속도로 몸을 단련시켜나갔다. 아침에 일하러 가기 전에 네 시간 동안 역기를 드는 연습을 했고, 저녁에 집에 와서는 다시 네 시간 동안 체력 훈련을 했다. 결국 그는 16세 때 최연소로 세계 보디빌딩계를 평정했다. 그리고 마침내 20세 때 미스터 유니버스 대회에서 우승을 차지하는 영예를 안는다.

슈왈제네거는 자신의 어린 시절을 이렇게 회상했다.

"어렸을 때부터 나는 내가 갖고 싶은 것이나 되고 싶은 모습이 정해지면, 실제로 이루어진 것처럼 상상하고 행동했다. 어린 시절 나는 유명 보디빌더인 레그파크와 같은 최고의 근육질의 남자가 되는 것이 꿈이었다. 그리고 나는 그를 뛰어넘는 보디빌더가 되리라고 결심했다. 그것에 대해 어떠한 의심도 품지 않았다. 미스터 유니버스가 되기 전에도 마치 미스터 유니버스가 된 양 대회장 근처를 어슬렁거렸다. 마음속에서 이미 타이틀은 내 것이었기 때문에 그렇게 행동하는 것이 너무도 자연스러웠다. 그리고 나는 내가 그 메달을 따리라는 것에 전혀 의심을 품지 않았다."

그 뒤 약 10년간 그는 보디빌딩의 황제로 군림하며 세계 최고의 근육질 사나이로 등극한다. 그의 몸은 현재까지도 '살아 있는 신화'라고 불리는데, 근육질의 우람한 몸매와 함께 남성의 신체가 보여줄 수 있는 섬세한 아름다움을 최고로 표현했기 때문이라고 한다.

슈왈제네거는 두 번째 꿈에 도전했다. 바로 할리우드 최고의 스타가 되기로 작정한 것이다. 그러나 당시 사람들은 그의 꿈을 비웃었다. 오스트리아 출신의 어설픈 영어 발음에 덩치만 큰 이 보디빌더가 영화배우가 되는 일은 일어나지 않을 거라 여겼기 때문이다.

후에 그는 영화배우가 된 결정적인 비결을 털어놓았다.

"내가 할리우드에서 성공하리라고 장담하는 사람은 아무도 없었다. 그러나 최고의 보디빌더가 되는 것과 최고의 할리우드 스타가 되는 과정은 결코 다르지 않았다. 영화에 발을 들여놓으면서, 과거에 그랬던 것처럼 나는 내 자신이 성공한 배우가 되었고 아주 많은 돈을 벌고 있는 것처럼 시각화했다. 나는 마음속에서 성공을 느끼고 그 맛을 볼 수 있었다."

그는 10년의 무명 생활을 거쳐 마침내 영화 「코만도」와 「터미네이터」의 흥행에 힘입어 할리우드 최고의 스타가 되었다. 슈왈제네거의 우람한 체격에, 언뜻 그가 단순 무식한 사람일 거라고 추측하면 오산이다. 그는 UCLA에서 심리학을 전공하고 위스콘신대학교에서 경영학과 국제경영학을 이수한 수재다. 이후 그의 꿈대로 미국 명문가인 케네디가 여인과 결혼했고, 공화당 출신으로도 전통적으로 민주당 강세 지역인 캘리포니아에서 주지사를 역임했다.

이 모든 것이 바로 불가능한 꿈을 꾸었기 때문에 가능했다. 슈왈제네거는 이 모든 과정에 대해 담담하게 말했다.

"나는 오래전부터 그 모든 것이 이루어질 것을 그냥 알고 있었다. 마음의 힘은 그렇게 믿을 수 없으리만치 놀라운 것이다."

"대부분의 사람들에게 가장 위험한 일은 목표를 너무 높게 잡고 거기에 이르지 못하는 것이 아니라, 목표를 너무 낮게 잡고 거기에 도달하는 것이다."

15~16세기 이탈리아에서 활동한 예술가 미켈란젤로의 명언이다. 지금 큰 꿈을 꾸지 않으면 시간이 갈수록 후회할 가능성이 비례해서 커진다. 내 꿈이 작으면 큰 꿈을 꾸는 사람들의 꿈을 실현시켜주기 위해 살아가야 한다. 큰 꿈을 꾸는 사람들이 더 큰 일을 하게 되고 꿈이 작은 사람들은 큰 꿈을 꾸는 사람들이 그들의 꿈을 달성하기 위해 필요한 일을 대신해주게 된다.

일본 파나소닉 창업회장 마쓰시타 고노스케松下幸之助는 생전에 천 년에 한 명 나올까 말까 한 '경영의 신'이라고 불렸다. 그는 이런 말을 남겼다.

"5퍼센트 성장은 불가능해도 30퍼센트 성장은 가능하다. 5퍼센트 성장을 목표로 삼으면 과거 방식대로 움직이기 때문에 4퍼센트 성장도 달성하기 힘들다. 그러나 30퍼센트 성장을 목표로 삼으면 혁신적인 아이디어를 찾게 되고 접근 방식도 달라지기 때문에 기대 이상의 성과를 거두곤 한다."

그의 말은 기업 경영뿐만 아니라 개인의 삶에도 적용될 수 있는 큰 교훈을 담고 있다. 꿈이 커서 불가능해 보일 경우, 우리는 누구나 할 수 있는 평범한 노력이 아닌 특별한 노력을 기울인다. 일반적인 방법이 아닌 뭔가 특별한 창의적인 방법을 찾는다.

경제학자 로버트 기요사키Robert Kiyosaki는 저서『부자 아빠 가난한 아빠』에서 큰 꿈이 부자를 만든다고 강조했다.

> 부자 아빠는 이렇게 말했다. "위대한 사람들은 위대한 꿈을 가지고 있고 평범한 사람들은 평범한 꿈을 가지고 있지. 만일 네 자신을 변화시키고 싶다면, 네 꿈의 크기를 바꾸는 일부터 시작하거라."

달성 불가능해 보여야 진정한 의미의 꿈이라 할 수 있다. 비전은 우리에게 크게 두 가지 의미를 가져다준다.

첫째로 비전은 우리가 가야 할 지향점을 알려준다. 사막에서 길을 잃을 때 북극성을 보고 그 방향으로 쭉 따라가면 북쪽으로 갈 수 있는 것처럼, 우리가 평생을 살아가면서 힘과 자원을 쏟아 부어야 할 삶의 전략적 지향점을 알려준다. 그럼으로써 우리는 방황하지 않고 보유한 자원을 최대한 집중해서 효과적으로 활용할 수 있다. 소위 비전의 이성적·전략적 힘이라 할 수 있다.

둘째로 비전은 우리 안에 잠자고 있는 열망에 불을 지피는 역할을 한다. 꿈이 작으면 달성 가능성은 높아지지만, 그 꿈을 이루겠다는 열망으로 아침에 이부자리를 박차고 일어날 힘이 솟지는 않는다. 불가능해 보이는 꿈일수록 우리 안에 내재된 열정에 불을 지필 가능성이 높아진다. 새벽에 알람 소리가 없더라도 그 꿈을 떠올리며 따뜻한 이불을 박차고 일어날 수 있고, 그 꿈이 달성되었을 때를 상상하면 학교나 직장으로 가는 길이 흥겹고 입에서 콧노래가 나올 정도는 되어야 비로소 비전이라 할 수 있다. 불가능해 보일수록, 그만큼 큰 꿈일수록 더 좋은 비전이다.

물론 꿈이 클수록 장벽은 높아진다. 그러나 비전, 큰 꿈으로 무장하면 큰 장벽을 뛰어넘는 것도 피해야 할 괴로움이 아닌 즐거운 마음으로 신나게 뛰어넘을 수 있는 놀이터로 변모하게 된다. 바로 그것이 비전의 힘이다.

재일 교포로 일본 최고 부자인 소프트뱅크 회장 손정의는 19세 때 인생 50년 계획을 수립했다. 그가 당시 세운 인생 계획은 다음과 같다.

20대에 이름을 알린다.

30대에 최소한 1천억 엔의 자금을 마련한다.

40대에 사업에 승부를 건다.

50대에 사업을 완성한다. (연 매출 1조 엔을 달성한다.)

60대에 다음 세대에게 사업을 물려준다.

뭐가 달라도 남과 다르게!

"You can't be 'normal' and expect 'abnormal' returns."

스탠퍼드대학교 교수 제프리 페퍼Jeffrey Pfeffer의 말이다. 이는 '다른 모든 사람들이 하고 있는 것을 그대로 따라만 해서는 탁월한 경제적 성과를 달성하는 것이 불가능하다. 또한 남들과 똑같이 행동함으로써(즉 정상적이기를 바라면서), 비정상적인(탁월한) 결과를 기대할 수는 없다'라고 풀이된다. 짧지만 매우 강력한 메시지가 담겨 있다. 남들과 똑같이 사고하고 똑같이 행동하는 것은 그야말로 normal, 즉 평범하고 정상적인 것이다. 그러나 탁월한 것, 뛰어난 것은 누구나 할 수 있는 평범한 것이 아니다. 따라서 남들과 다른 탁월한 무언가를 추구할 때는 생각과 행동을 남들과 다르게, 즉 비정상적으로 해야 한다.

우리는 남들과 다르게 생각하고 행동함으로써 눈에 띄기보다는 남들처럼 생각하고 남들처럼 행동함으로써 불안함을 덜 느끼고 안전함과 익숙함을 느끼는 데 더 길들여져 있다. 특히 우리에게는 '친구 따라 강남 간다'는 속담처럼 남이 하면 그대로 따라서 하는 경향이 있다. 하지만 남들을 따라 하면 같은 파이를 나누어 갖게 되어 내 파이가 줄어든다. 그리고 남들이 다 좇는 유행은 금방 사라져버린다. 주체 없이 이리저리 왔다 갔다 하는 삶을 살기가 쉽다.

우리나라 대학수학능력시험에서는 국영수 중심으로 50만 명을 줄 세워서 1등부터 50만 등까지 순위를 매긴다. 결국 최고 득점자를 제외하곤 모두가 루저가 된다. 하지만 한 가지 기준으로 50만 명을 줄 세우는 방식이 아니라, 학생들에게 각자 잘하는 것을 하게 하고 그것으로 평가한다면 50만 명 모두가 1등이 될 수 있다.

유대인의 성공에 결정적 기여를 한 것으로 평가되는 『탈무드』

에는 '뭐가 달라도 남과 다르게 하라'는 내용이 몇 차례 나온다. 유대인은 남들이 한다고 해서 똑같은 것을 연구하지 않는다. 그 대신, 남들이 하지 않는 영역을 찾아 독특한 연구를 하는데 그러다 보니 세계 최초로 특정 영역을 개척하는 사례가 많이 나온다. 자연스럽게 노벨상을 받는 확률이 높아지는 것이다. 노벨상은 남들이 다 하는 것을 더 잘한다고 주는 상이 아니라, 그동안 아무도 안 한 분야를 세계 최초로 개척한 사람에게 주로 주어지는 상이기 때문이다. 매년 노벨상 시즌이 되면 한국에서는 우리도 노벨상을 받아야 한다는 데 국민적 염원이 모아진다. 우리도 언젠가는 노벨상을 많이 받겠지만, 그 전에 우리 과학자들이 남들이 하지 않는 분야를 새롭게 개척해서 연구해야 한다는 전제 조건이 선행되어야 할 것이다.

유대인에게 남과 다르다는 것은 '거룩하다'는 의미다. 하느님이 말씀하신 거룩한 사람이 되기 위해서는 속세의 무리 속에서 나와 그 반대편에 서야 하기 때문이다. 그래서 유대인은 남과 다른 것을 필연석으로 여긴다. 유대인은 아이들에게 '남들보다 뛰어나라'가 아닌 '남과 다른 사람이 되어라'고 가르친다. 그들은 하느님이 인간을 빚을 때 각기 다른 재능을 주셨으며, 이 재능을 낭비하지 않고 최선을 다해 사는 것이 신의 뜻대로 사는 것이라 생각한다. 그래서 그들은 아이들의 성적을 비교하지 않고, 그 대신 아이들의 개성에 주목하고 그 재능을 키워주기 위해 노력한다. 이런 분위기 속에서 과학자 토머스 에디슨과 알베르트 아인슈타인, 영화감독 스티븐 스필버그가 탄생했다. 남과 다른 나만의 고유성을 찾고 그 씨앗을 길러낼 때 비로소 우리도 거장이 될수 있을 것이다.

유대인 작가 로버트 그린Robert Greene은 거장이 된 사람들의 비결을 탐구한 책 『마스터리의 법칙』에 이렇게 썼다.

> 우리 인간은 세상에 태어남과 동시에 씨앗 하나가 심어진다.
>
> 그 씨앗은 바로 당신만의 독특한 고유성이다.
>
> 우리 인생의 과업은 그 씨앗을 키워 꽃을 피우는 것,
>
> 즉 일을 통해 자신만의 고유성을 표현하는 것이다.
>
> 그 씨앗은 당신을 흥미롭게 하는 것, 열정을 갖게 하는 것,
>
> 당신이 진정 좋아하는 것, 당신을 남과 다르게 만드는 그것
>
> 이다.

노벨상뿐만 아니라 모든 면에서, 개인, 기업, 국가, 사회 할 것 없이 뭐가 달라도 남과 다르게 하게 될 때 우리 모두는 본인이 가지고 태어난 각자의 소질을 최대한 개발하게 되고, 그 부분을 더 즐기고, 창의적인 성과 또한 높아질 것이다. 남들이 다 하

는 것, 지금 당장 좋아 보이는 것을 좇으면서 한 번뿐인 소중한 인생을 낭비해서는 안 된다. 공자는 '知之者 不如好之者, 好之者 不如樂之者'라고 했다. '아는 자는 좋아하는 자만 못하고, 좋아하는 자는 즐기는 자만 못하다'라는 뜻이다. 공자의 가르침처럼 자기의 소질에 맞는 것, 본인이 즐길 수 있는 것, 그러면서도 사회에 도움되는 것을 찾는 데 집중해야 한다.

프랭클린 코비사의 부사장 션 코비Sean Covey의 지적대로 인생의 목표를 정하기 전에 반드시 4가지를 점검해보아야 한다. 첫째, 자신이 정말 잘하는 것(재능), 둘째, 정말 하고 싶은 것(열정), 셋째, 사회가 원하는 것(수요), 넷째, 옳다는 확신이 드는 것(양심)이다. 시간을 내어 이를 적어보면서 정리하자.

남과 다른 나만의 비전을 수립할 때 고려해야 할 또 한 가지 중요한 요소가 있다. 바로 멀리 미래를 내다보아야 한다는 점이다. 특히나 지금 관점에서 미래를 내다보는 것을 넘어, 미래 관점에서 현재를 보는 습관이 중요하다.

"미래로부터 역산해서 현재의 행동을 결정한다."

일본 경영 컨설턴트 간다 마사노리神田昌典가 한 말이다. 먼 미래를 상상하며 현재를 그려보는 것을 '퓨처 매핑future mapping'이라고 한다. 이렇듯 먼 미래인 죽음 이후에서부터 거꾸로 지도를 그러면 당신 삶의 지향점이 어디인지를 알 수 있다.

하버드대학 교수 에드워드 밴필드Edward Banfield의 연구 결과, 우리 사회에서 가장 성공한 사람들은 장기적인 시각을 갖추고 있었다. 그들은 10년, 20년 후의 미래를 줄곧 생각해왔으며 이런 긴 시간적 수평선 위에서 필요한 의사결정을 내려왔다.

지금은 아주 사소한 차이가 나는 것들이, 10년, 20년, 30년 후에는 그 차이가 크게 벌어진다. 지금 유행하는 것이, 지금 잘나가는 직업이 30년 후에도 그럴까? 지금 세상을 지배하는 구글, 아마존, 페이스북, 알리바바, 테슬라는 30년 전에 그 존재조차 없었다. 이런 기업들은 모두 IT 기술을 바탕으로 빠른 시일 안에 급속하게 성장했다.

지금의 청소년이 큰 활약을 하게 되는 시점은 아마도 2050년 정도일 것이다. 그렇다면 어디서 무슨 일을 할지 결정할 때 지금 잘나가는 영역, 지금 잘나가는 직장, 지금 잘나가는 직업 대신에 그때 가장 잘나갈 업종을 고려해볼 필요가 있다. 요즘 우리 청소년은 안정성을 가장 중요하게 생각한다. 그래서 공무원이 되고, 공기업에 취업하는 것을 1순위로 꼽지만, 과연 30년 후에는 어떻게 될지 깊이 고민해야 할 것이다.

매일매일 꿈을 쓰면 꿈이 현실로

아무리 크고 원대하고 남과 다른 나만의 비전을 수립한다 하더라도 비전이 실행으로, 그것도 꾸준한 실행으로 이어지지 않는다면 결코 현실이 될 수 없다. 큰 비전을 구체적인 작은 목표들로 쪼개서 실현 가능성을 높이고, 일단 수립한 비전을 매일매일 상기시킬 수 있도록 매일매일 글로 쓰는 것이 필요하다. 또한 오래 걸리는, 그리고 장벽이 매우 높은 비전을 실현시키는 데 있어서 어쩔 수 없이 닥칠 수밖에 없는 수없이 많은 좌절감을 극복하기 위해서는 중간중간 작은 성공을 체험할 수 있도록 비전이 설계되는 것이 좋다.

구체적인 목표는 구체적인 결과를 가져온다. 그러나 막연한 계획은 막연한 결과를 가져오는 것이 아니다. 막연한 계획은 아무런 결과도 가져오지 못한다. 목표가 구체적이라는 말은 내가 무엇을 원하는지 정확히 알고 있다는 뜻이다. 즉 막연한 목표나 꿈을 갖고 있다는 것은 자신이 진정으로 무엇을 원하는지조차 모르고 있다는 이야기나 다름없다.

이와 관련한 재미있는 통계가 있다. 1979년에 하버드대학교 경영대학원 졸업생들을 대상으로 '미래에 대한 구체적인 비전이 있는지'를 조사했다. 그 결과, 84퍼센트는 구체적인 비전이 없었다. 13퍼센트는 구체적인 비전이 있지만 글로 쓴 적은 없었다. 3퍼센트는 구체적인 비전이 있고 그 비전을 글로 기록했다. 10년 후인 1989년 그들을 다시 찾아가 현황을 물었다. 많은 것이 달라져 있었다. 84퍼센트도 잘 살고 있기는 했다. 그러나 글로 쓰지는 않았지만 구체적인 비전이 있었던 13퍼센트는 구체적인 비전이 없었던 84퍼센트보다 두 배 더 많은 수입을 올리고 있었다. 글로 쓴 구체적인 비전이 있었던 3퍼센트는 나머지 97퍼센트의 졸업생들보다 평균 열 배 더 많은 수입을 올리고 있었다.

머릿속만의 비전은 비전이 아니다. 말로만 하는 비전도 비전이 아니기 쉽다. 자신의 목표를 정확하게 기록하는 목표의 객관화가 필수적이라는 뜻이다.

자기 계발 전문가 브라이언 트레이시Brian Tracy는 매년 전 세계를 순회하며 35만여 명에게 바로 이 내용을 강조한다. 그는 2007년 3월 13일 한국에서 개최된 강연에서 "성공한 사람은 실패를 무릅쓰고 새 아이디어를 실행하지만, 성공하지 못한 사람은 아이디어의 문제점을 지적하며 실행하지 않을 구실만 찾는다"면서 특히 목표 설정의 중요성을 강조했다. 그리고 이렇게 덧붙였다.

"목표를 구체적으로 정해서 기록하는 사람은 전 세계에서 겨우 3퍼센트에 불과합니다. 문제는 이들이 모두 고액 연봉자라는 것이죠. 나머지는 시키는 대로 일하는 사람들입니다. 우선 자신이 간절히 원하는 목표를 세워야 합니다. 그리고 반드시 종이에 적는 습관을 들이십시오. 왜 이 목표를 선택했는지가 명확해야 합니다."

널리 알려진 목표 수립 방법론에 SMART라는 것이 있다. 좋은 목표는 다음 다섯 가지 조건을 충족시켜야 한다는 것이다.

- **Specific(구체적일 것)**: 정확히 무엇을 달성하려는가?
- **Measurable(측정할 수 있을 것)**: 목표 달성 여부를 어떻게 판단할 것인가?
- **Achievable(달성할 수 있을 것)**: 해낼 수 있는 일인가?
- **Realistic(현실성)**: 해당 상황에서 가능한 일인가?
- **Time-based(시기)**: 언제쯤 목표를 달성할 것인가?

목사이자 세계적 리더십 전문가 존 맥스웰John Maxwell의 일침이다.

"우리 중 약 95퍼센트의 사람은 자신의 인생 목표를 글로 기록한 적이 없다. 그러나 글로 기록한 적이 있는 5퍼센트의 사람들 중 95퍼센트가 자신의 목표를 성취했다."

자신의 추상적인 비전을 구체적인 글로 적어보는 것이 절대적으로 필요하다. 매일매일 그 비전을 글로 적을 때 처음에는 전혀 실현 불가능해 보이던 비전이 점차 현실이 되어가는 기적을 체험할 수 있다. 그 비전이 실현된 모습이 구체적으로 그려지기 시작하는 것이다.

실제로 우리 회사에서 자기 계발 전문 고급 교육 프로그램이었던 '행복한 성공스쿨'이라는 교육 과정을 만들었을 때, 교육 수강생들이 자기 비전을 적어놓으면 그것을 이메일로 매일 아침 배달해주고, 그 내용 그대로 다시 적게 했다. 그리고 다시 적은 숫자만큼을 카운팅해서 보여주었다.

내 경우에도 매일 아침 일어나자마자 불가능해 보이던 비전을 그대로 타이핑하자, 머리와 가슴속에 각인되는 효과가 분명히 있었고, 깨어 있는 낮 시간 동안 그 비전을 생각하게 되면서 점점 더 자신감이 생기는 경험을 했다. 소위 비전과 함께 생활하다 보니 가슴 뛰는 일상이 이어졌고, 보다 긍정적인 사고를 하게 되었고, 더 열정적으로 하루하루를 살게 되는 효과까지 얻었다.

그리고 자신의 비전을 혼자서만 간직하지 말고 주변 사람들에게 자꾸 이야기할 필요가 있다. 처음에는 스스로도 분명 어색할 것이다. 한편으로는 황당해 보일 수도 있다. 그러나 비전을 자꾸 이야기하면 스스로에게 그 비전이 각인됨은 물론, 주변 사람들도 나를 그렇게 여기기 시작하고 알게 모르게 응원과 격려를 보내 비전의 달성 가능성이 높아진다. 그리고 나도 남들에게 비전을 선포하고 일종의 약속을 한 상태이기에 게으름 피우지 않고 그 비전 실천에 좀 더 노력을 기울이게 된다. 당연히 비전의 달성 가능성이 더욱 높아진다.

"오랫동안 꿈을 그린 사람은 마침내 그 꿈을 닮아간다."

프랑스 문학가 앙드레 말로Andre Malraux의 말처럼 생생한 꿈, 구체적인 꿈은 마법의 캔버스와 같다. 마음이라는 도화지에 구체적인 꿈을 스케치하고 색칠하여 완성하면 그 꿈이 신기하게도 이루어진다. 이는 우주의 온 에너지가 우리의 꿈을 돕기 때문이다. 완성된 꿈의 그림은 강력한 자기장을 형성하여, 우리가 바라는 것들을 끌어당긴다.

오늘은 아빠와 큰 꿈에 대해 이야기했다. 꿈이 커야 더 열심히 노력하게 되고, 작은 성공에 만족하지 않을 거라는 것이 아빠의 주장이었다. 물론 꿈이 커지면 거기에 따라 벽도 높아지고 역경도 높아지는 단점이 있을 거라고 하셨다. 그러면서 둘 중 어느 것을 택하고 싶은지를 내게 물으셨다.

나는 어려서부터 늘 세계 최고 부자가 되고 싶었다. 그러나 어떤 사업을 해서 그렇게 될지, 어떤 연구와 발명을 해서 그렇게 될지는 아직 정하지 못했다.

아빠는 초등학교 5학년 때 '역사책에 나오는 위인이 되고 싶다'는 꿈을 가지게 되었다고 하셨다. 그 말을 듣고선 나는 큰 꿈을 구체적으로 갖고 싶은데 아직 찾지 못했다고 말씀드렸다. 그러자 아빠는 걱정하지 말라고 하셨다.

그러면서 우리는 꿈을 갖기 위해 필요한 것이 무엇인지 함께 이야기를 나누었다. 경험을 많이 하는 게 좋겠다는 결론을 내렸다. 그리고 책도 읽고 여행도 하고 많은 사람들을 만나서 이야기도 해보는 게 좋을 것 같다는 생각이 들었다.

우리는 뭘 하면 가장 기분이 좋은지, 뭘 하면 자신감이 생기는지에 대해서도 대화했다. 나는 돈을 많이 벌고 싶은데, 윤리적으로 벌어야 하겠다는 다짐을 또 했다. 사람들이 내가 돈을 많이 버는 것에 대해서 좋게 생각했으면 한다는 이야기를 아빠에게 다시 한번 했다. 아빠는 내가 잘할 수 있는 것이 뭔지 물으셨다. 나는 컴퓨터 사이언스가 좋다. 그리고 남보다 더 잘할 수 있다는 생각이 든다. 더 많이 배우고 싶다. 코딩을 할 때는 시간이 가는 줄 모른다. 세상에 없는 것, 세상에 도움되는 뭔가를 만들어서 크게 성공하고 싶다. 평생 동안 즐기면서 크게 성공한다면 그것보다 더 좋은 게 없을 것 같다.

아빠랑 왜 좋은 대학을 가는 게 좋은지에 대해 많은 시간을 이야기했다. 엄마 아빠는 세상이 알아주는 최고 명문대 출신이다. 솔직히 그것 때문에 쪼그라드는 느낌을 받을 때가 많다. 가

꿈은 두렵기도 하다. 좋은 대학에 가지 못할까 봐.

아빠 말씀대로 좋은 대학이 인생을 결정짓지는 않을 것이다. 그리고 점점 더 대학의 중요성이 약해지고 있다는 사실에도 서로 동의했다. 그렇지만 아빠 주장대로, 좋은 대학에 가면 평생 자신감을 가질 수 있고, 그리고 좋은 친구들과 동문들의 도움을 받을 수 있기에 인생 전체로 봐서는 좋은 대학에 진학하는 것이 필요할 수 있겠다는 생각이 들었다. 물론 좋은 대학을 나온 것만 믿고 노력하지 않으면 다른 일반 대학을 다닌 것보다도 좋지 않은 결과를 맞이할 것이다.

이제 1년여 남은 고교 시절 동안에는 정말 열심히 공부해야겠다. 이 기간에 게임으로 시간을 보내고 유튜브로 재미나는 것만 보다가 좋은 대학에 들어가지 못하면 평생 후회할 것 같다. 그 후회는 되돌릴 수 없을 것이다.

마시멜로 효과를 기억하자. 나한테 당장 입에 단 것은 좋지 않으며 오히려 당장 쓴 것이 더 좋다. 게임과 유튜브를 어떻게든 끊자고 거듭거듭 다짐해본다. 목표가 뚜렷해지면 게으름을 극복할 수 있고 또한 나의 가장 큰 열등감의 원인인 살도 뺄 수 있을 거란 생각이 들었다. 부족한 의지를 극복하고 꾸준하게 실천하다 보면 뭔가 큰일을 해낼 수 있을 거란 기분 좋은 생각이 든다.

아빠는 큰 꿈을 꾸고 매일매일 글로 적고 상상하면서 어려움을 극복해가라고 조언해주셨다. 가슴 설레는 꿈을 생각하다 보면 게임에 대한 흥미도 조금씩 줄어들 것 같다. 목표가 달성되었을 때를 늘 상상해보기로 했다. 아놀드 슈왈제네거처럼 꿈이 달성된 이후의 모습을 상상하면 도움이 될 것이다.

아빠는 60이 다 되어가는 지금도 10년 후 회사의 미래에 대한 꿈 이야기를 할 때는 신나서 막 떠드신다. 나는 아빠보다 훨씬 젊고 더 시간이 많으니 아빠보다 열 배는 더 큰 꿈을 가져야 하지 않을까. 아빠 이야기대로 지금 생각으론 달성 불가능해 보이는 꿈이 더 좋은 것 같기도 하다.

두 번째 시간을 보내고 나니 아빠하고 많이 친해진 느낌이다. 다음 주가 벌써 기다려진다. 꿈과 목표에 대해 더 많이 생각해봐야겠다.

Tag

#긍정

#자신감

#역경

#실패

#회복탄력성

#긍정 어카운트

#감사 일기

#핸드폰 디톡스

Question 3.

마음속에서 긍정으로 바꿔야 할
부정을 찾아볼래?

'젊어서 고생은 사서도 한다'라는 말이 있다. 세상을 살아가다 보면 생각지도 못했던 힘들고 어려운 일을 많이 겪는다. 그런 어려운 일을 많이 겪을수록 더 단단하고 더 강한 사람, 더 위대한 리더로 성장하는 게 세상의 이치다.

그런데 과거 부모들이 살던 시대에 비해서는 훨씬 나은 삶을 살다 보니 요즘 아이들은 약간의 어려움에도 매우 힘들어한다. 부모들은 자신들이 겪은 가난과 그로 인해 발생한 각종 어려움과 서러움을 자식들이 겪지 않도록 하는 것이 자신들의 의무라고 생각하는 것 같다. 내 자녀들도 마찬가지다. 비교적 윤택한 생활을 하다 보니 원하는 것을 뭐든 가질 수 있었다. 나와 아내는 자녀들에게 필요해 보이는 것을 미리미리 사주곤 했다. 그래서 어려움을 모르는 것은 물론 돈이 귀한 줄 모른다. 나도 걱정이 많이 된다. 하지만 알면서도 부모로서 그냥 좀 지켜보는 게 잘 안 된다.

세상을 살아가면서 긍정적인 사고를 갖는 것은 여러 가지로 좋은 점이 많다. 무엇보다도 곤란한 상황에 처했을 때 쉽게 좌절하지 않으며 희망을 갖고 도전하게 된다. 소위 회복탄력성도 높일 수 있다. 긍정적이고 적극적인 사고는 새로운 것에 대해 마음을 열게 하고 편안한 곳에 안주하지 않고 모험을 즐길 수 있는 동력이 되어준다.

또한 긍정과 열정은 전염된다. 사람들은 비판적인 사람, 소극적인 사람이 아닌 밝고 희망적인 사람, 긍정적인 사람 옆에 모여든다. 나는 아들에게 긍정적인 사고를 심어주고, 역경을 이겨내는 힘을 길러주고 싶다. 그래서 아들의 성향을 파악해보기 위해서 여러 질문들을 던져보았다.

"긍정과 자신감을 갖는 게 좋은 것일까?"

"긍정을 심으면 긍정이 나올까? 그 말을 믿어?"

"너는 어떤 사람이 되고 싶어? 다른 친구들은 너를 어떤 사람으로 볼까? 긍정적인 사람과 늘 부정적이고 짜증내는 사람 중에서 말이야."

"노력하면 긍정적인 사람으로 바뀔 수 있을까?"

"역경은 좋은 것일까?"

아들은 자신이 못하는 게 많다며 열등감이 많았는데, 최근 들어 SAT 점수가 좋게 나오고, 학교 성적이 상위권으로 오르고, 코딩 대회에서 몇 명밖에 주어지지 않는 금메달을 받으면서 자신감이 커졌다며 즐거워했다. 그러면서 대견스럽게도 그런 자신감과 자존감이 자만심으로 흐르지 않게 하겠다고 말했다.

아들은 아직은 남들 앞에 설 때 떨린다고 이야기했다. 나는 걱정하지 말라고 했다. 자주 경험하고 연습을 하면 그런 것은 충분히 극복 가능하다고 했다. 이와 더불어 실패할 거 같더라도 걱정하지 말고 과감하게 선택해서 뭐든지 해보라고 조언을 해주었다. 자신감을 갖는 데 가장 좋은 방법은 그냥 해보면서 경험을 쌓고 실력을 쌓는 거라고 이야기해주었다. 실패해도 좋다고, 아니 어렸을 때 실패를 많이 경험해보는 것이 오히려 더 좋다고 격려를 해주었다. "아빠는 어릴 적에 내성적이라 그렇게 남들 앞에 나서는 것을 맨날 피해 다녔는데 지금 생각해보면 너무 아쉽다"라며 솔직하게 내 이야기도 들려주었다.

이런 대화를 나누는데 아들이 말했다.

"당연히 나는 다른 사람들한테 긍정적인 사람으로 비쳐지고 싶어. 난 물병에 물이 반밖에 안 남았다고 생각하는 대신 반이나 남았다고 생각하는 편이야."

여태껏 내가 몰랐던 아들의 모습을 발견하니 기분이 좋았다.

긍정적인 사고와 행동을 습관화할 필요가 있었다. 그래서 나는 아들에게 아침마다 긍정 선언문을 써보자고 제안했다. 아침마다 "나는 잘난 놈이다", "나는 잘할 수 있다"고 외쳐보자고 했다. 같이하면 더 재미있게 할 수 있지 않을까?

긍정이 성공을 낳는다

마음의 방향성에 따라 인간의 운명은 변한다. 하버드대학교 심리학연구소와 기능심리학과를 개설하고 인간의 의식과 감정의 관계를 연구했던 심리학자 윌리엄 제임스William James는 "인간이 자기 마음 자세를 바꿈으로써 삶을 바꿀 수 있다는 것을 발견한 것이 당대의 가장 위대한 발견"이라고 했다. 그는 사람의 세계관은 자신이 진실로 듣기로 결정한 것에 의해 형성된다고 보았는데, 마음 자세를 바꾸려면 습관의 힘이 필요하다고 주장했다. 종이나 코트가 일단 구겨지거나 접히면 그 후로는 항상 똑같은 곳이 접히듯이 인간도 훈련하고 연습한 방향으로 성장한다는 것이다.

미국에서 '20세기의 50대 부자'로 꼽혔던 세일즈맨 출신 사업가 클레멘트 스톤Clement Stone은 이런 말을 남겼다.

"사람들 간의 차이는 미미하다. 그러나 그 미미한 차이가 큰 차이를 만들어낸다. 미미한 차이는 태도고, 큰 차이는 그 태도가 긍정적이냐 부정적이냐 하는 것이다."

아주 작은 차이가 시간이 흐르면서 점점 더 큰 차이를 만든다. 세상을 바라보는 관점과 태도가 그것이다. 절반이 찬 컵을 두고 '절반이나 남았네'라고 긍정적으로 생각하는 사람이 있는 반면, '절반밖에 안 남았네'라면서 부정적으로 생각하는 사람이 있다. 문제는 이런 관점과 태도가 한 번에 그치지 않고 습관으로 평생 지속된다는 것이다.

미국의 어느 심리학자는 한 사람이 고무된 상태에서 발휘하는 능력은 그렇지 않았을 때의 네 배에 달한다고 주장한다. 고무되지 않은 상태에서는 기껏해야 20~30퍼센트의 능력을 발휘하는 반면, 고무된 상태에서는 80~90퍼센트의 능력을 발휘한다는 것이다.

영국의 정신분석학자 J. A. 하트필드J. A. Hatfield는 긍정적 암시가 얼마나 위력을 발휘하는지를 실험으로 증명했다. 그는 악력계를 사용해서 정신 암시가 완력에 미치는 영향을 세 사람의 남자에게 실험해보았다. 하트필드는 세 가지의 다른 조건하에서 실험을 했다. 먼저 보통의 상태에서 남자들에게 힘껏 악력계를 쥐게 했다. 이 실험에서 평균 악력은 101파운드였다. 그다음으로는 그들에게 최면을 걸어 '당신은 약하다'라고 암시를 준 후 수치를 쟀더니, 평균 악력이 겨우 29파운드로 보통 힘의 3분의 1 이하였다. 그리고 마지막 실험에서는 '당신은 강하다'는 암시를 준 후 수치를 쟀더니, 평균 악력이 142파운드에 달했다. '강하다'는 긍정적 암시만으로도 무려 악력이 50퍼센트나 증가한 것이다.

긍정하면 긍정이 된다. 마음의 밭에 긍정을 심으면 긍정적인 결과가 나오고 부정을 심으면 부정적인 결과를 낳는다. 이를 SISO라고 한다. '생각 속에 성공을 넣으면Success In, 성공의 결과가 나온다Success Out'는 말의 줄임말이다.

또 다른 조사 결과를 소개하겠다. 1932년 미국에서 180명의 젊은 여성이 수녀 서원식을 가졌다. 수녀로 첫발을 내딛는 날, 선배 수녀가 그녀들에게 그동안의 삶이 어땠는지를 소개하는 간증문을 적게 했다. 그 간증문은 70여 년이 지난 후 심리학자들에게 전해졌고, 심리학자들은 간증문에 적힌 언어들을 분석하여 각각의 글들에 얼마나 많은 긍정적인 말들이 적혀 있는지를 측정했다. 어떤 수녀들은 '정말 기쁜, 할 수 있는, 뿌듯한' 등 긍정적인 말을 많이 썼고, 어떤 수녀들은 '괴로운, 실망스러운, 절망적인, 어려운' 등 부정적인 말을 많이 쓰거나 아예 감정을 표현하지 않았다. 그런데 놀랍게도 긍정적인 말을 많이 쓴 상위 25퍼센트의 수녀 중 90퍼센트 이상이 86세까지 장수를 했다. 반면에 부정적인 말을 많이 쓴 상위 25퍼센트의 수녀들은 그때까지 겨우 34퍼센트만 생존해 있었다. 즉 자신의 인생에서 좋은 점을 보고 기억하는 태도가 수명까지도 연장한 것이다.

긍정적인 사람은 매사에 적극적으로 도전한다. 또한 긍정적인 사람 옆에는 매사에 적극적이고 긍정적인 사람들이 모인다. 따라서 성공 가능성이 높아진다. 반면 매사를 부정적으로 보는 사람은 남 탓과 환경 탓을 할 뿐 스스로 개척해나갈 도전을 하지 않는다. 그리고 부정적인 사람 옆에는 사람들이 모이지 않는다. 결과적으로 인생 역시 실패할 가능성이 높아진다.

따라서 자신이 지금 매사를 긍정적으로 생각하는지, 부정적으로 생각하는지를 제대로 검토해볼 필요가 있다. 그 여부가 결국 인생의 성공을 가늠할 수 있기 때문이다.

이와 관련한 신발 파는 사람 이야기가 있다. 신발 시장을 개척하라는 사명을 띠고 두 사람이 아프리카 오지에 도착했다. 그

중 A는 도착한 날 본사로 메일을 보냈다. "다음 비행기로 돌아가 겠습니다. 현지인은 모두 맨발로 생활합니다. 여기서는 신발이 팔릴 가능성이 전혀 없습니다." B도 즉시 메일을 보냈다. "지금 당장 신발 5만 켤레를 보내주십시오. 이곳은 신발을 팔 수 있는 엄청난 가능성이 있습니다. 현지인은 모두 맨발입니다."

과연 둘 중 누가 세일즈맨으로 성공할까? 여러분 같으면 어떤 사람과 일하고 싶은가? 여러분이 상사라면 어떤 사람을 승진시켜줄 것인가?

포드자동차를 창업한 헨리 포드Henry Ford의 다음 말은 예나 지금이나 진리라 할 수 있다.

"세상에는 두 종류의 사람들이 있다. 자신이 할 수 있다고 생각하는 사람과 할 수 없다고 생각하는 사람이다. 물론 두 사람 다 옳다. 언제나 자신의 경험이 그런 믿음을 만들기 때문이다."

물론 살다 보면 항상 좋은 일만 생길 수는 없다. 그러나 매일 매일 햇볕만 쬐면 결국 사막이 된다는 말처럼 좋은 외부 환경이 계속되는 것이 우리의 성장과 발전에 오히려 걸림돌이 될 가능성이 높다.

미국의 발명왕 토머스 에디슨Thomas Edison은 긍정왕으로서도 확실한 면모를 갖추었던 인물이다. 1914년 12월, 에디슨의 실험실은 화재로 전소되었다. 67세의 나이에 그간의 거의 모든 작업들이 화염 속에 다 타버리고 말았다. 그런데 이튿날 아침 에디슨은 폐허를 바라보며 말했다.

"재앙도 가치가 있구만. 모든 실패들이 날아가버렸으니…. 새로 시작하게 해주신 신이여, 감사합니다."

화재 후 3주 만에 에디슨은 그의 첫 번째 축음기를 선보였다.

100년 전에 67세면 오늘날 나이로는 80세가 훨씬 넘는 노인이라 할 수 있다. 보통 사람들 같으면 크게 좌절하거나, 긍정적으로 생각하더라도 "인생 내내 엄청난 노력을 했는데, 이젠 그만하고 쉬라는 신의 계시인 것 같다"고 체념할 수 있는 상황이다. 이런 최악의 상황에서도 긍정적인 생각을 할 수 있었기에 에디슨이 불멸의 발명왕으로 우뚝 설 수 있었으리라.

에디슨과 관련한 또 다른 일화다. 에디슨은 백열전구를 만들겠다는 꿈을 가지고 있었다. 하지만 아무리 해도 그의 실험은 실패를 거듭했다. 100번 정도 실험했을 때, 실망한 에디슨의 조수가 이렇게 말했다.

"아무리 해도 안 되고, 절대 성공하지 못할 거라는 걸 모르시겠어요? 벌써 100번이나 실패하셨잖아요."

그러자 에디슨은 "난 한 번도 실패한 적이 없어. 난 100가지 방법이 잘 듣지 않는다는 걸 성공적으로 확인한 거지. 그러니까 이번에는 성공할 수 있는 그 한 가지 방법에 100가지만큼 더 가까워진 걸세"라고 했다. 에디슨은 실패가 거듭되는 상황마저 성공에 도달하는 길로 긍정화시킨 것이다.

긍정도 연습이다. 살다 보면 생각지도 못할 좌절과 실패, 역경이 우리 앞에 나타날 것이다. 이에 대비해 미리 나만의 긍정 어카운트를 준비하고 익혀둘 필요가 있다. 매일 아침 일어나서 '긍정 선언'을 하는 것도 좋은 방법이다. 클레멘트 스톤은 "세 가지 문장을 매일 아침 외쳐라. '나는 오늘 기분이 좋다!' '나는 오늘 건강하다!' '나는 오늘 너무 멋있다!'"라고 했다.

웅진그룹 윤석금 회장 또한 세일즈맨 시절부터 아래와 같은 긍정 선언문을 작성하여 매일 아침에 잠자리에서 일어나자마자 이를 크게 낭송했다고 한다.

윤석금 회장의 자기 선언문

첫째, 나는 나의 능력을 믿으며 어떠한 어려움이나 고난도 이겨낼 것이다. 나는 자랑스러운 나를 만들 것이며 항상 배우는 사람으로서 더 큰 사람이 될 것이다.

둘째, 나는 늘 시작하는 사람으로서 새롭게 일할 것이며 어떤 일도 포기하지 않고 끝까지 성공시킬 것이다.

셋째, 나는 항상 의욕이 넘치는 사람으로서 행동과 언어, 그리고 표정을 밝게 할 것이다.

넷째, 나는 긍정적인 사람으로서 마음이 병들지 않도록 할 것이며 남을 미워하거나 시기, 질투하지 않을 것이다.

다섯째, 나는 내 나이가 몇 살이든 스무 살의 젊음을 유지할 것이며 한 가지 분야에서 전문가가 되어 나라에 보탬이 될 것이다.

여섯째, 나는 다른 사람의 입장에서 생각하고 나를 아는 모든 사람들을 사랑할 것이다.

일곱째, 나는 나의 신조를 매일 반복하며 실천할 것이다.

자기 나름대로 긍정을 생활화할 수 있는 방법을 만들어 실천하면 실제로 생각과 행동이 긍정적으로 바뀐다. 나는 개인적으로 최악의 상황에 부딪혔을 때 1분 안에 그 최악의 상황이 가져다주는 3가지 긍정적 요소를 찾아 종이에 기록하는 것을 습관화하고 있다.

예를 들어 대학 입시에 떨어졌다고 가정해보자. 그러면 이렇게 3가지 긍정적 요소를 찾는 것이다. '첫째, 나에게 겸손할 수 있는 기회가 왔다. 둘째, 좀 더 내 실력을 키울 수 있는 기회이자 역경을 이겨낼 수 있는 훈련의 기회다. 셋째, 내년에 더 좋은 대학을 갈 수 있는 기회다.' 역경이 가져다주는 3가지 긍정적인 요소를 떠올려 종이에 기록하다 보니, 오랫동안 좌절하고 방황하지 않고도 빨리 평정심을 되찾고 오히려 위기를 기회로 만들 수 있는 계기를 마련할 수 있었다.

인생은 늘 새옹지마다. 좋은 것은 나쁜 것을 불러올 수 있고, 좋지 않은 것은 내 생각과 노력 여하에 따라 얼마든지 전화위복으로 만들 수 있다. 결국 모든 것은 생각하기에 달려 있다. 고故 이채욱 GE코리아 회장은 자신만의 긍정 어카운트 방법을 다음처럼 밝혔다.

"나는 새로운 일을 할 때마다 이 일의 좋은 점이 뭔지를 쭉 메모한다. 나는 그것을 '백지와의 대화'라고 부른다. 백지에 좋은 점을 나열하다 보면 더 좋은 점이 나오고 그것을 반복해서 읽다 보면 그 일을 사랑하게 된다. 사랑하다 보면 당연히 열정이 나오고, 그러다 보면 또다시 긍정적인 행운아 마인드가 나오는 선순환 구조가 계속되는데, 그런 노력을 하다 보니 열정과 긍정적 사고가 몸에 배었다고 생각한다."

마지막으로 정신과 전문의 양창순의 저서 『당신 자신이 되라』의 한 대목을 음미해보자.

못된 악마가 저잣거리에 노점상을 차리고, 이상하게 생긴 물건에 가장 비싼 가격표를 붙여놓았다. 지나가던 사람들이 궁금해서 무엇에 쓰이는 물건인지 물었다. 악마 왈, "이건 내가 가진 것 중 가장 강력한 도구지. 바로 낙심이라네. 난 이걸 사용해, 인간들이 마침내 절망에 빠질 때까지 끈기 있게 일한다네. 절망에 한 번 빠지면 그걸로 그만이야. 인간들은 내 노예로 전락하고 말거든."

역경은 하늘이 내린 선물?

어른들은 말한다. "젊어서 고생은 사서도 한다." 내가 어려서 가장 이해하기 어려웠고 또 반감이 많이 들었던 말 중 하나다. 그러나 나이가 들어가면서 점점 더 심오한 인생의 진리를 담은 짧은 경구라는 생각이 강하게 든다.

『정상에서 만납시다』를 쓴 베스트셀러 작가 지그 지글러Zig Ziglar에 따르면 포춘 선정 500대 기업 CEO 52퍼센트가 중하위층이거나 빈곤층 출신이고, 미국 백만장자의 80퍼센트는 1세대 백만장자다. 최근 조사에 따르면 세계 일류 리더 300명 중 75퍼센트가 가난한 가정에서 자랐고, 어린 시절 학대를 당했으며, 일부는 심각한 신체장애가 있었다.

독일 철학자 프리드리히 니체Friedrich Nietzsche는 "나를 죽이지 않는 고통은 나를 키운다"라고 말했다. 가벼운 아령은 결코 큰 근육을 만들지 못한다. 일본 기업가 마쓰시타 고노스케도 같은 맥락의 이야기를 남겼다.

"나는 하느님이 주신 3가지 은혜 덕분에 크게 성공할 수 있었다. 첫째, 집이 몹시 가난했기 때문에 어릴 적부터 구두닦이, 신문팔이로 일하며 고생하는 사이에 세상을 살아가는 데 필요한 많은 경험을 쌓을 수 있었고, 둘째, 태어났을 때부터 몸이 몹시 약해서 항상 운동에 힘써왔기 때문에 늙어서도 건강하게 지낼 수 있게 되었으며, 셋째, 나는 초등학교도 못 다녔기 때문에 세상의 모든 사람을 다 나의 스승으로 여기고 누구에게나 물어가며 열심히 배우는 일에 게을리하지 않았다."

이처럼 가난과 역경 때문에 지금 이렇게 어려운 상황에 처했다고 말하는 대신에 가난과 역경 덕분에 이렇게 성공했다고 말할 수 있는 생각의 전환이 우리에게는 필요하다. 역경이나 고난은 성공하기 위해 반드시 치러야 할 통과의례다. 역경은 사람을 겸손하게 한다. 역경은 사람을 지혜롭게 만든다. 역경은 사람을 강하게 만든다. 역경이 지고 물러날 때는 돈보다 귀한 지혜라는 선물을 남겨주고 간다.

'역경은 신의 선물이다'라는 사고는 동서고금을 통틀어 수많은 철학자들에게 공통적으로 보인다. 2200년 전 맹자는 '天將降

大任於斯人也, 其心志 苦其筋骨 餓其體膚 窮乏其身行 拂亂其所爲, 動心忍性 增益其所不能'이라고 역경을 예찬하는 글을 썼다. 이를 풀이하면 이렇다.

"하늘이 장차 그 사람에게 큰 사명을 주려 할 때는 반드시 먼저 그의 마음과 뜻을 흔들어 고통스럽게 하고, 그 힘줄과 뼈를 굶주리게 하여 궁핍하게 만들어 그가 하고자 하는 일을 흔들고 어지럽게 하나니, 그것은 타고난 작고 못난 성품을 인내로써 담금질하여 하늘의 사명을 능히 감당할 만하도록 그 기국과 역량을 키워주기 위함이다."

그러니 역경이 앞을 가로막으면 그것을 원망하지 말자. 오히려 역경 없이 편안하고 순탄한 일만 계속될 경우, 하늘이 나를 제대로 쓰지 않으려고 역경과 고통을 주지 않는다고 한탄할 수 있는 역발상이 필요하다.

물론 모든 역경이 자동적으로 위인을 만드는 것은 아니다. 그 역경을 하늘이 내린 선물로 생각하고 긍정적으로 생각하는 사람은 역경 덕분에 성공하고, 그것을 회피해야 할 재앙으로 생각하는 이들에게는 그야말로 실패의 원인이 된다.

문제가 있다는 것은 좌절하고 체념하고 포기할 때가 되었다는 사인이 아닌 내가 더 성장할 기회가 왔다는 사인이다. 행복하면 웃음이 나오기도 하지만 웃다 보면 행복을 느끼게 된다. NO

를 거꾸로 쓰면 전진을 의미하는 ON이 된다. 모든 문제에는 반드시 문제를 푸는 열쇠가 있다. 끊임없이 생각하고 찾아내라.

남 탓, 외부 환경 탓을 하지 말라

"사람들은 항상 그들이 처한 환경을 탓한다. 나는 환경을 믿지 않는다. 세상을 이끌어가는 사람들은 자신이 원하는 환경을 찾아다니고 찾을 수 없으면 그 환경을 만드는 사람들이다."

영국 극작가 조지 버나드 쇼George Bernard Shaw의 주장이다.

실제로 남 탓과 외부 환경 탓을 주로 하는 사람이 크게 된 사례를 본 적이 없다. 아예 불가능한 일이다. 왜냐하면 습관적으로 남 탓과 외부 환경 탓을 하는 사람은 일단 개선을 위한 노력을 안 하겠다고 공개적으로 선언한 것과 같기 때문이다.

남 탓과 외부 환경 탓을 하는 사람은 그 문제가 해결되면 즉각적으로 또 다른 문제나 핑곗거리를 찾는다. 그것을 주변에서 해결해주면 바로 또 다른 문제나 핑곗거리를 찾는다. 반면에 문제의 원인이 나한테 있다고 생각하는 사람은 문제가 나타나면 적극적으로 해결하기 위해 나서고, 또 다른 문제가 닥쳐도 다시 해결을 위해 발 벗고 나선다. 자연스럽게 성공 체험이 쌓여서 자신감도 생기고 어려운 문제를 해결하면서 역량도 점점 더 강해진다. 멘탈은 말할 것도 없다.

일례로 친구와 갈등이 생기는 경우를 가정해보자. 친구와 갈등이 생기는 원인이 내 탓이라고 생각하면 내 생각과 행동을 바꿔 쉽게 해결할 수 있다. 그러다 보면 점점 더 상대를 배려할 줄 아는 인간관계의 달인이 되어간다. 반면에 친구가 문제라 생각하고 이야기하거나 회피하면 친구는 전혀 변화하지 않기에 갈등은 증폭되기만 한다. 남 탓만 하다가는 친구들이 하나둘 나를 떠나기 마련이다.

항상 불평불만을 입에 달고 사는 불평불만주의자를 위해, 그리고 그런 이와 함께 일하려는 사람은 없다. 남 탓도 습관이다. 행여라도 항상 짜증을 내고 문제의 원인을 밖에서 찾는 습관이 있다면 바로 고치기 위한 노력을 해야 한다. 어떤 문제가 생기든 문제의 원인을 밖에서 찾지 말고 '내 탓'이라고 생각하는 습관을 들여야 한다. 그게 성공의 길이다.

마쓰시타 고노스케는 이런 말을 남겼다.

"감옥과 수도원의 공통점은 세상과 고립되어 있다는 점이다. 그러나 차이가 있다면 불평을 하느냐 감사를 하느냐 그 차이뿐이다. 감옥이라도 감사를 하면 수도원이 될 수 있다."

아주 사소한 생각조차 영향을 미쳐 뇌 구조를 바꾼다고 한다. 생각 하나하나가 뇌 구조를 쉬지 않고 바꾼다. 좋은 생각이든 나쁜 생각이든 뇌에 배선을 만든다. 같은 생각을 여러 번 반복하면 습관으로 굳어버린다. 성격도 생각하는 방향으로 바뀐다. 불평불만 대신 항상 긍정적으로 사고하고 할 수 있다는 생각으로 무장하면 결국 인생도 그렇게 되어간다.

20세기 영국을 대표하는 리더이자 노벨 문학상을 수상한 윈스턴 처칠Winston Churchill은 사실 어려서 누구보다도 어려운 역경 속에서 성장했다. 팔삭둥이 미숙아로 출생했고, 혀가 짧아 발음을 제대로 못 했다. 초등학교 학적부에는 '이 아이는 희망이 없다!'고 적혔으며, 중학교 때는 모국어인 영어 과목에서 두 번 낙제를 했다. 삼수 끝에 사관학교에 입학했고, 정치에 입문해서는 낙선을 밥 먹듯이 했다. 그런 역경과 고통이 오히려 처칠을 키웠다. 그가 남긴 명언을 보면 주어진 역경과 고통을 이겨낸 비결을 찾을 수 있다.

"비관론자는 매번 기회가 찾아와도 고난을 보고, 낙관론자는 매번 고난이 찾아와도 기회를 본다. 남 탓을 하지 말고 역경을 하늘이 내린 선물로 생각하는 습관을 기르자."

남 탓 대신 감사하는 습관을 기르면 인생 역전을 맛볼 수 있다. 불행이나 고난을 원망하는 대신, 그 불행과 고난 덕분에 내가 더 성장할 수 있었다고 감사할 수 있으면 인생은 완전히 달라질 것이다.

감사는 세상을 바라보는 긍정적인 마인드를 형성하고 기꺼이 베풀 수 있는 마음도 선사한다. 감사는 건강한 자존감을 형성하게 해서 무엇이든지 할 수 있다는 자신감도 북돋운다. 감사는 겸손한 사람의 특징이기도 하다. 겸손한 사람은 늘 다른 사람들로부터 신세를 지고 있다고 생각하기 때문이다.

감사는 은혜를 자각하는 데서 시작한다. 날마다 감사한 일을 떠올리며 '감사 일기'를 기록해보는 것은 어떨까? 긍정심리학의 창시자인 심리학자 마틴 셀리그만Martin Seligman은 우울증 환자들에게 감사 일기를 쓰도록 하는 실험을 했었다. 그러자 환자들은 행복감을 훨씬 더 많이 느끼면서 증세가 호전되었다. 감사를 느낀다는 것 자체가 이미 인생의 긍정적 사건에 대한 즐거운 기억을 환기시키는 것이기 때문이다. 감사하는 순간, 우리 뇌는 부정에서 긍정으로 재빨리 주도권이 바뀌게 된다. 감사를 하면 가슴속의 원망이나 분노, 슬픔과 같은 부정적인 감정이 저절로 긍정적인 감정에 자리를 내어준다. 과거에 대한 후회는 무력하지만 감사를 하면 자신이 현재 가진 것과 또 할 수 있는 것들을 알게 된다.

이렇게 감사를 통해 마음은 부정적 사건이 주는 스트레스를 극복하는 긍정적 회복탄력성을 가지게 된다. 그리고 감사하면 이미 우리가 가지고 있는 것, 성과를 내고 있는 것이 보인다. 뿐만 아니라 억지로라도 감사하기 위해 주위를 둘러보면 그때까지 미처 발견하지 못했던 소소한 행복까지 발견하게 된다. 인생을 보는 눈이 달라지는 것이다. 이렇게 자신이 가진 부정적 생각을 긍정적으로 바꾸고, 지금보다 행복해지기 위해선 감사라는 스위치가 필요하다.

아빠랑 대화한 지 3주째다. 점차 여러 가지 면에서 자신감이 생기고 있다. 기분이 좋다. 그러나 지나친 자신감은 자만심으로 흐를 가능성이 높다. 나는 최근에 치른 SAT 시험(미국의 대학수학 능력평가시험)에서 1,550점을 받았다. 상위 0.99퍼센트 안에 든 것이다. 내가 잘한다는 생각이 요즘 부쩍 든다. 한편으론 아무리 기분이 좋더라도 그 자신감이 자만심으로 흐르지 않도록 조심해야겠다는 생각이 든다. "재 왜 저래?" 이런 소리는 정말 듣기 싫다.

나는 늘 긍정적인 사고를 하는 사람이 되고 싶다고 아빠에게 이야기했다. 부정적인 생각을 하면 오히려 더 우울해지고 기분이 나빠지는 경험을 많이 했기 때문이다. 돌이켜보면 내가 얼굴을 찡그리고 하면 친구들도 나를 더 멀리했던 것 같다. 나라도 그럴 거다. 맨날 짜증 내고 불평불만만 늘어놓는 친구 옆에 오래 있고 싶지는 않으니까.

앞으로는 가능하면 밝은 표정을 짓고, 웃고, 자신감 넘치는 모습을 보이도록 해야겠다. 또 친구들도 더 적극적으로 사귀어 봐야겠다.

솔직히 나는 편안한 것을 주로 찾는 편이다. 힘들고 어려운 일은 먼저 피해버린다. 그러나 아빠 말씀대로 훌륭한 리더가 되기 위해선 미리미리 맷집을 강하게 만들어놓을 필요가 있을 것 같다. 과감하게 도전하는 습관을 들여야겠다. 물론 쉽지는 않겠지만…. 그래서 아빠에게 내 생각을 말했다.

"몇 년 전에 버지니아로 캠프를 갔을 때 핸드폰을 못 쓰게 해서 너무 힘들었어. 그땐 얼마나 힘들었던지 엄마한테 전화해서 울었는데, 지금 생각해보니 그런 경험이 필요하다는 것을 알게 되었어. 그때는 진짜 고생이라고 생각했는데. 지금 생각해보니 그때 그 고생이 돌아와서 몇 달 동안은 큰 도움이 된 거 같아. 고생에 대한 생각을 바꾸게 된 계기가 되었어. 그런 고생을 할 기회를 만들어준 엄마께 감사해!"

아빠가 자주 말하는 '나를 죽이지 않는 고통은 나를 키운다'

는 니체의 말이 약간은 이해되기 시작했다. 아빠도 인생을 살아오면서 대학 입시에 실패해서 재수한 것, 군에서 고생한 것, 회계사 시험에 연속해서 떨어진 일들이 그때는 괴롭고 힘들었지만 그 일들이 아빠를 인격적으로 성숙해지게 했고 성공하는 데 도움이 되었다고 이야기해주셨다.

아빠는 살다 보면 늘 위기가 닥칠 수밖에 없는데 그럴 때마다 전화위복轉禍爲福이라는 단어를 상기하라고 충고하셨다. 아빠는 회사를 경영하면서 늘 '위기야, 반갑다'라는 마음가짐으로 일한다고 하셨다. 위기는 생각하기에 따라서 얼마든지 기회로 바꿀 수 있다고, 미리미리 그런 준비를 해놓으면 된다고, 위기 때문에 대부분의 사람들은 망가지지만 위기 덕분에 더 좋아지는 사람들도 분명 있다고 말해주셨다. 인생은 새옹지마라는 고사성어와 함께 그 말에 얽힌 이야기도 해주셨다. 처음 듣는 이야기였는데, 그럴 수 있겠다는 생각이 들었다.

나는 늘 안 좋은 일이 생기면 남 탓을 하는 습관이 있었다. 엄마 탓, 아빠 탓, 누나 탓, 친구 탓을 많이 했다. 그런데 나중에 곰곰이 따져보면 내 탓이었던 때가 더 많았다. 수업 시간에 선생님이 아실 정도로 잠을 자고서도 점수가 낮으면 선생님이 근거 없이 나를 미워하신다고 여겼다. 그때는 나를 차별한다고 생각해서 화가 많이 났었다. 그러나 돌이켜보니 분명 내가 잘못한 것이었다.

아빠랑 오늘 대화를 하면서 앞으로는 남 탓을 하기보다 내 탓을 할 수 있는 사람이 되어야겠다고 다짐했다. 남 탓만 하면 책임이 남에게 있기 때문에 내가 고치고 내가 바뀌려는 생각과 노력을 안 하게 된다. 결국 나는 발전하지 못한다. 만약 내 탓을 하면 그때는 기분이 나쁠 수 있지만 나는 조금씩 발전할 수 있다.

생각과 태도가 인생을 결정한다는 아빠 말씀에 동의한다. 생각과 태도를 많이 바꾸게 된 것 같다. 이제 수업 시간에 절대 낮잠을 자지 말아야겠다. 사실 내가 수업 시간에 조는 이유는 밤늦게까지 게임을 하고 유튜브를 보다가 새벽에야 겨우 잠들기 때문이다. 밤 12시 전에는 자는 습관을 들여야겠다.

지금까지 나는 조금만 어려운 일이 생겨도 기분이 확 나빠지는 스타일이었다. 나 혼자만 힘들어하는 게 아니라 다른 사람의 눈에도 확실히 보일 정도로 짜증을 내곤 했다. 눈에 띄게 티를 내는 행동이 좋지 않다는 걸 알면서도 어쩔 수 없었다. 이제 그렇게 힘든 일일수록, 그런 일을 겪고 잘 극복할수록 내 미래가 밝아진다고 생각하기로 결심했다. 그렇게 내 머리에 새겨두어야겠다. 하기 싫고 귀찮은 것도 그냥 해버리면 결국은 내게 도움이 될 거라고 긍정적으로 여기기로 했다. 한마디로 "그냥 해버리자"가 답이라는 생각이 든다.

전에는 아빠가 '라떼는 말이야' 식의 말씀을 시작하면 무조건 듣기 싫어서 듣는 척만 했는데, 이제는 하나하나 좋은 약처럼 들린다. 역시 '사람은 생각하기 나름이다'는 말이 맞는 거 같다. 아빠가 점점 더 이해가 되기 시작한다. 내가 만약 지금 '사서 하는 고생'을 택한다면 뭐가 있을까? 대학 입학할 때까지는 핸드폰을 멀리하는 '핸드폰 디톡스'를 해볼까 싶어서 이야기했더니 아빠가 엄청 좋아하셨다.

또 아빠랑 카톡으로 매일 아침마다 긍정 선언문을 써보자고 약속했다. 얼마나 오랫동안 약속을 지킬 수 있을지 솔직히 자신이 없다. 그러나 해보기는 해봐야겠다는 생각이 든다. 그게 옳은 거니까.

나는 이렇게 긍정 선언문을 썼다.

"나는 오늘 기분이 좋다! 나는 오늘 건강하다! 나는 오늘 너무 멋있다!"

#노력

#끈기

#게임 중독

#1만 시간의 법칙

#생명의 예비군

#그릿

#마시멜로 실험

#긍정 선언문

노력과 끈기,
과연 재능일까?

하느님은 한 사람에게 모든 것을 다 주지 않는 것 같다. 천재적 소질을 가지고 태어난 사람들은 아무래도 끈기가 부족하다. 천재는 일찍 세상을 뜬다는 속설이 있다. 너무 재능이 뛰어난 사람은 분명 축복받은 것이 틀림없으나 그것 때문에 화를 입는 경우가 많다. 자만심, 남을 우습게 아는 경향이 있다든지 성질이 급하고 참을성이 없다든지 해서 말이다.

아들에게 이야기했다. 우린 둘 다 천재가 아닌 것은 너무나 확실하다. 그럼 우리는 참을성과 끈기로 승부를 하는 수밖에 없지 않을까?

"노력은 재능일까?"

나의 질문에 아들은 노력은 재능이 아니라고 했다. 그런데 나는 생각이 다르다. 노력할 줄 아는 것도 재능이다.

제일 좋은 것은 재능도 좋고 끈기도 있고 오랫동안 꾸준하게 노력할 줄 아는 것이다. 처음에 재능이 다소 부족하더라도 한 분야에 몰입해서 오랫동안 파고들면 그 분야의 기술을 습득하고 재능이 올라가고 자신감도 생긴다. 그런 점에서 어찌 보면 타고난 재능보다 끈기 있게 노력할 줄 아는 것이 더욱 큰 능력일지 모른다.

아들은 게임이 문제라고 이제야 실토를 한다. 전에는 내가 게임 좀 그만하라고 그렇게 큰소리로 야단쳐도 전혀 들은 척을 안 하더니, 이제는 스스로가 게임의 문제를 인식한다. 함께 노력해서 아들과 게임을 멀리 떨어뜨려놓는 것이 급선무라는 생각을 했다.

아이 입장에서는 수학과 과학을 포함한 공부가 언젠가 도움이 될 텐네도 당장은 공부하는 게 괴롭다. 그런데 게임은 계속하면 인생에 도움이 되지 않더라도 당장은 정말 즐겁다. 이것이 바로 아이들이 게임에 중독되는 이유다. 이 문제는 부모가 같이 풀어가야 한다.

공부에 게임적 요소를 집어넣는 게이미피케이션gamification이라는 개념이 있다. 학교에서 학습 내용을 학생들에게 주입식으로 가르치지 말고, 게임적 요소를 최대한 활용하여 왜 수학이 재미있는지를 먼저 알려주면 어떨까? 아마도 훨씬 나은 교육 효과를 볼 수 있을 것이다.

공부하는 재미에 대해서 아들과 많은 대화를 했다. 재미있는 책을 읽다 보면 시간이 가는 줄 모르는데 그게 바로 몰입flow이라는 이야기도 나누었다. 아들도 요즘 들어 가끔은 몰입하는 순간을 느낀다고 했다. 아마도 점수가 올라가고 잘한다는 칭찬도 자주 듣는 것이 계기가 된 듯하다.

오늘의 가장 큰 수확은 아들이 센트럴 파크를 걷고 싶다고 먼저 내게 이야기한 것이다. 나는 두 달에 한 번꼴로 뉴욕에 간다. 뉴욕 집에서 걸어서 5분 거리에 바로 센트럴 파크가 있다. 뉴욕에 머물 때면 나는 아침마다 센트럴 파크 호수 주변을 걷는다. 원래 한국에서도 매일 1만 6천 보 정도를 걷지만, 센트럴 파크 호수를 걷는 것은 아주 특별한 맛이 있다. 그래서 아내와 함께 산책을 하곤 한다. 이 즐거움을 가족 모두와 함께하고 싶어서 아들과 딸에게도 같이 가자고 여러 차례 이야기했었다. 하지만 아들과 딸은 그런 기회를 절대 주지 않았다.

그런데 드디어 오늘, 그것도 아들이 먼저 자신도 센트럴 파크를 걷고 싶다고 말하는 게 아닌가! 가장 큰 이유는 운동해서 살을 빼고 싶다는 것이다. 계속해서 몸무게가 늘어나서 살을 빼고 싶었지만 막상 운동을 시도하지 못했는데, 나와 하루 종일 노력과 끈기, 실천에 대해 이야기하다 보니 그런 결심이 선 듯하다. 아들은 이번에 미국에 돌아가면 매일 센트럴 파크를 걸을 테니 당분간 습관이 자리 잡을 때까지는 자신이 운동을 했는지 아빠가 매일 문자 메시지로 물어봐달라고 했다. 그리고 내가 뉴욕에 가면 센트럴 파크를 함께 걷자고도 약속했다.

나는 아들과 좋은 습관을 만드는 루틴에 대해서도 이야기를 많이 했다. 아빠 회사에서 만든 '그로우grow'라는 앱이 도움을 줄 수 있으니 활용해보자고 했다. 오늘 하기로 약속한 것을 실천하고 있는지 매일 문자로 확인해달라고 아들이 거듭 부탁했다. 아들의 부탁에 너무 기분이 좋아 흔쾌히 약속했다. 전엔 똑같은 일을 간섭한다고 싫어했는데 이제는 스스로 도와달라고 하다니.

오늘로 아들과 대화를 시작한 지 4주가 되었다. 이제는 성난 아들과 많이 가까워진 것 같다. 무엇보다도 그동안 말 안 하던 것들을 다 이야기하기 시작했고, 그동안 엄마 아빠가 하라고 했으나 실천하지 않던 많은 것들을 본인이 먼저 하겠다고 한다. 그런 아들의 변화된 모습이 무척이나 보기가 좋다.

아들은 노력과 끈기가 중요하다는 데 다 동의했다. 물론 계획과 실천은 별개다. 그러나 실천하겠다고 결심을 한 것만 해도 큰 점수를 주고 싶다. 힘든 실천 과정에 조금이라도 도움이 되고 싶다. 이게 아빠의 마음인가 보다. 내 생각에는 아들에게도 재능이 뛰어난 면이 분명히 있다. 여태껏 아들의 창의적 아이디어에 놀란 적이 많았다. 이제 거기에 노력과 끈기까지 갖출 수 있다면 훌륭한 인재로 성장하리라 생각한다.

아내에게도 아들이 변화되고 성장하고 있다는 기쁜 소식을 전했다.

모든 위대한 성취는 열정의 산물이다

물은 100도가 되어야 비로소 끓기 시작한다. 99도와 100도는 겨우 1밖에 차이가 나지 않지만 그 1이 어마어마한 차이를 가져온다. 결과적으로 하나는 0이고 하나는 1이 된다. 99까지 아무리 노력하더라도 마지막 100의 고지를 넘지 못하면 결과는 하나노 만들어지지 않는다.

인생도 마찬가지다. 열정이 없는 사람은 미지근한 물로 인생이라는 기관차를 움직이는 사람이다. 이때 일어날 수 있는 건 오직 한 가지 현상뿐인데, 바로 멈추어버리는 것이다.

록펠러는 말했다. "모든 위대한 성취 업적은 열정의 산물이다. 열정 없이 이룩한 것은 아무것도 없었다. 반대로 무한한 열정만 있으면 인간은 거의 모든 일을 해낼 수 있다"라고.

"행복으로 가는 길은 단순한 두 원리에 있다. 자신에게 흥미를 불러일으키는 것, 그리고 자신이 잘 해낼 수 있는 것이 무엇인지 알아내라. 그것이 무엇인지 알았으면, 모든 정신, 에너지, 야망, 타고난 능력을 거기에 쏟아부어라!"

오랫동안 세계 최고 부자 자리에 있었던 빌 게이츠는 이렇게 이야기했다. 그리고 일을 사랑하라고 강조했다.

"나는 세상에서 가장 신나는 직업을 갖고 있다. 매일 일하러 가는 것이 그렇게 즐거울 수가 없다. 거기엔 항상 새로운 도전과 기회와 배울 것들이 기다리고 있다. 만약 누구든지 자기 직업을 나처럼 즐긴다면 결코 탈진되는 일은 없을 것이다."

이와 같은 일에 대한 사랑, 일을 향한 열정이 오늘날의 그를 만든 원동력이라 할 수 있다.

불광불급不狂不及이라는 사자성어가 있다. 미쳐야 미친다는 뜻이다. 즉 무언가에 미친 듯이 매달리지 않으면 탁월한 결과를 얻을 수 없다는 의미다. 학문도, 예술도, 사랑도 미친 상태에 이르러야만 빛나는 성취를 이룰 수 있으며, 한 시대를 열광케 한 지적·예술적 성취 속에는 스스로도 제어하지 못하는 광기와 열정이 깔려 있다는 것이다.

심리학자 윌리엄 제임스는 이를 '생명의 예비군'이라는 개념으로 설명했다. 사람들에게는 보이지 않는 생명의 예비군이 있다. 생명의 예비군은 동원되면 막강한 힘을 발휘한다. 인간의 몸은 1천 분의 4도라는 미세한 체온 변화를 느끼고, 206개의 뼈와 656개의 근육으로 구성되어 있으며, 1만 가지의 냄새를 구분하는 후각이 있고, 40리 밖에 있는 촛불을 볼 수 있는 시각이 있다. 이처럼 모든 인간 안에는 슈퍼맨이 잠들어 있다. 누구나 말이다. 초인적인 힘은 특별한 사람만의 전유물이 아니다. 보통 사람들도 충분히 사용 가능하다.

그러나 대부분의 사람들은 평생 생명의 예비군을 동원하지 못한다. 왜냐하면 그만한 힘을 필요로 할 만큼 힘겨운 일을 도모하지 않기 때문이다. 오히려 비타민 처방 정도의 최저 필수량의 노력만 하면서 살아간다. 가끔 매우 강렬한 감정이 자극할 때에만 생명의 예비군이 아주 잠깐 동안 나타났다 사라질 뿐이다.

가끔 뉴스를 보다 보면 화재 현상에서 어떤 할머니가 냉장고를 메고 나왔다는 내용의 황당한 소식을 접한다. 평상시 같으면 절대 있을 수 없는 힘이 절체절명의 순간에는 자신도 모르게 발휘되는 사례다. 우리 인간에게는 모두 그런 잠재력이 내재되어 있다. 그러나 대부분의 사람들은 평생 생명의 예비군을 꺼내 쓸

만한 상황을 겪지 않고 살아간다.

몇 가지 사례를 살펴보자. 미국에서 있었던 실화다. 어느 병원에 남의 도움을 받지 않으면 아무것도 할 수 없는 반신불수의 사람들이 입원해 있었다. 그런데 어느 날 병원 가까이에서 불이 났다. 마침 그날은 강한 바람이 불었고, 불은 바람을 타고 순식간에 병원에 옮겨붙어 무서운 기세로 타오르기 시작했다. 병원은 눈 깜짝할 사이에 전소되어 흔적조차 찾아볼 수 없게 되었다. 이때 놀랍게도 입원해 있던 사람들은 모두 살았다. 반신불수가 되어 남의 도움을 받지 않으면 아무것도 하지 못하던 사람들을 포함해 모든 환자가 자기 스스로의 힘으로 건물 밖으로 나온 것이었다.

이번에는 중국의 사례다. 쓰촨성 대지진 때 칠순의 노부모가 구조대의 도움을 받지 않고도 필사적인 노력 끝에 아들의 생명을 구해냈다. 당시 벽돌로 된 한 건물이 무너지면서 그 건물에 있던 아들은 잔해에 매몰되고 말았다. 지진 소식을 듣고 달려온 노부모는 아들을 살리겠다는 일념으로 무려 5일 동안 거의 맨손으로 벽돌 더미를 뒤진 끝에 빈사 상태에 있는 아들을 찾아냈다. 하지만 아들은 입과 코에서 계속 피가 흘러나오고 복부는 농구공처럼 부풀어 올라 사실상 죽음을 앞두고 있는 상태였다. 노부모는 여기서 다시 초인적인 힘을 발휘했다. 아들을 들쳐업고 병원을 찾아 이틀에 걸쳐 산길 30킬로미터를 걸어간 것이다. 그런 고생 끝에 운 좋게 군용차와 마주쳤다. 마침내 아들은 지진이 발생한 지 168시간 만에 병원에 도착할 수 있었고, 수술을 성공적으로 받고 목숨을 건졌다.

살다 보면 '과연 저토록 어려운 일을 해낼 수 있을까'라며 지레 겁을 먹고 도전조차 망설이는 경우가 비일비재하다. 그럴 때 자신에게 내재된 생명의 예비군을 믿고 과감하게 도전해보자. 열정을 갖고 덤비면 도저히 못 할 것 같은 일도 충분히 해내는 기적이 일어날 수 있다. 그 기적을 만드는 것은 바로 적극적 사고방식과 열정이다.

노력이 재능을 이기는 까닭

계속해나가려면 무엇이 필요할까? 미국 축구 선수 윌리엄 워드William Ward는 말했다.

"성공의 비결은 남들이 잘 때 공부하고, 남들이 빈둥거릴 때 일하며, 남들이 놀 때 준비하고, 남들이 그저 바라기만 할 때 꿈을 갖는 것이다."

천재적 실력을 갖추었음에도 불구하고 금방 사그라드는 사람이 있다. 실력은 약간 부족하더라도 겸손한 마음과 성장 마인드 세트를 가진 사람이 꾸준히 연습한 끝에, 결과적으로 천재적 소질이 있는 사람을 추월하는 경우를 참 많이 목도한다.

천재는 두 가지 유형이 있다. 첫 번째 유형은 그야말로 태어날 때부터 하늘로부터 천재적 재능을 타고난 경우다. 보통 사람들은 상상할 수 없는 특별한 능력을 소유한 사람들이다. 두 번째 유형은 천재급은 아닌 약간 우수한 자질을 가지고 태어났으나 끊임없는 노력을 통해 점점 더 발전함으로써 어느 순간부터 타고난 천재만큼의 성과를 이루어내는 사람들이다.

재능 하나만 놓고는 분명 전자가 뛰어나다. 그러나 인생 전체를 놓고 보면 오히려 후자가 성공하는 경우가 많다. 천재는 박명이라고 요절하거나 혹은 술과 마약으로 무너지는 경우가 심심찮게 발견된다. 후자는 처음엔 다소 늦게 발동이 걸리지만, 지속적으로 발전하고 생활도 매우 안정적으로 꾸려가고 주변 사람들과의 관계도 대부분 원만해서 많은 사람들로부터 존경과 신뢰를 한 몸에 받는 경우가 많다.

노력이 천재를 이긴다. 내가 천재가 아니라도 분명 천재를 따라잡을 수 있다. 골프 황제 타이거 우즈Tiger Woods도 "사람들로부터 인정을 받기 위해서는 부단한 연습 이외에 다른 방법은 없습니다. 타고난 재능이란 인간이 만들어낸 허구에 불과합니다. 나는 슬럼프에 빠지면 더 많은 연습을 통해 정상을 되찾곤 합니다"라고 꾸준한 연습의 중요성을 이야기했다. 실제로 우즈는 메이저 대회에서 우승한 당일이라도 한 시간 정도 짧게 축하 파티에 참여한 뒤에 바로 스윙 연습장에 가는 걸로 유명하다.

음악사 연구가 어니스트 뉴먼Ernest Newman은 위대한 작곡가들도 대부분 천재성이 아닌 노력에 의해 만들어졌다고 주장했다.

"위대한 작곡가는 영감이 떠오른 뒤에 작곡한 것이 아니라, 작곡을 하면서 영감을 떠올린다. 베토벤, 바흐, 모차르트는 경리사원이 매일 수치 계산을 하듯 매일같이 책상 앞에 앉아서 작곡했다."

동양 고전 『중용』에 등장하는 '기천 정신'이라는 것이 있다. '人一能之 己百之 人十能之 己千之'라는 구절을 풀이하면 이렇다.

"남이 한 번에 능하면 나는 백 번을 하고 남이 열 번에 능하면 나는 천 번을 한다. 과연 이 방법으로 한다면 비록 어리석다 하더라도 반드시 밝아지고 비록 유약하더라도 반드시 강해진다."

이 같은 기천 정신을 갖고 살아간다면 누구나 천재 이상의 업적을 남길 수 있다. 인도 출신 여성으로 펩시콜라 회장을 역임한 인드라 누이Indra Nooyi는 "두 배로 생각하라. 두 배로 노력하라. 그

것이 가진 것 없는 보통 사람이 성공하는 비결이다"라며 자신의 성공 비결을 이야기했다. 하루 이틀이 아니고 수십 년 동안 남들보다 두 배, 세 배, 열 배 이상 기천 정신으로 임한다면 보통 사람들이 꿈에도 꾸지 못할 업적을 이룰 수 있다. 누구를 막론하고 말이다.

이렇게 늘 자신이 부족하다는 겸손한 마음을 품고 맡은 바에 최선을 다하는 사람들은 본인을 남과 비교하지 않는다. 그들에게는 남이 아닌 어제의 자신과 비교하는 습관이 있다. 그리고 자신이 가진 무한한 잠재력 중 아직도 개발하지 못한 부분을 늘 생각하면서 도전을 결코 멈추지 않는다. 100이라는 잠재력을 갖고 태어났는데 아직 30퍼센트밖에 개발하지 못했다고 판단한다면, 추가적으로 70퍼센트를 더 개발하기 위해서 오늘도 우보만리牛步萬里의 자세로 한 걸음씩 앞을 향해 걸어간다.

최소한 10년은 한 우물을 파라

만일 여러분이 지금 성실하게 일하는 것밖에 내세울 것이 없다고 한탄하고 있다면 나는 그 우직함이야말로 가장 감사해야 할 능력이라고 말하고 싶다. 지속의 힘, 지루한 일이라도 열심히 계속해나가는 힘이야말로 인생을 보다 가치 있게 만드는 진정한 능력이다.

살아생전 목사이자 작가로 활발하게 활동했던 노먼 빈센트 필Norman Vincent Peale의 말이다.

"누구든 열정에 불타는 때가 있다. 어떤 사람은 30분 동안, 또 어떤 사람은 30일 동안, 인생에 성공하는 사람은 30년 동안 열정을 갖는다."

나는 30년 전 신입사원 때 인생의 목표를 갖게 된 이후 매일 아침 6시 30분에 출근하기로 결심했다. 그리고 22년 동안 그 결심을 지켰다. 비가 오나 눈이 오거나 새벽 3~4시까지 술을 마시거나 단 한 번도 빠지지 않고 6시 30분에 출근해서 9시 근무 시작 전까지 신문과 책을 읽었다. 그 세월이 10년, 20년 가면서 지식이 축적되고 내공으로 자리 잡아감을 스스로 느낄 수 있었다.

회사에 신입사원이 들어오면 나는 교육 중에 가끔 이 이야기를 한다. 그러면 수십 명 중에 한 명꼴로 아침에 일찍 출근해서 공부를 하는 직원을 발견하곤 한다. 이렇게 내 이야기가 사람을 변화시키는 모습을 직접 보면 기분이 참 좋다.

그런데 안타깝게도 이처럼 각오를 다지고 변화하는 직원들 중에 3개월 이상 꾸준하게 일찍 출근해서 공부하는 경우를 지금까지 단 한 번도 본 적이 없다. 아무리 좋은 습관이나 생활이라도 짧은 기간만 실천해서는 소용이 없다. 장기적으로 실천해서 축적해야 그것이 성공을 촉진시키는 요인으로 작동한다.

일순간의 열정은 누구나 가질 수 있다. 하지만 성공과 실패의 성패는 일순간의 열정이 아닌, 그 열정을 얼마나 오래까지 꾸준하게 유지하느냐에 달려 있다.

현대인이 앓고 있는 가장 무서운 병은 조급증이다. 사람들은 서서히 성장하는 것보다 급성장을 좋아한다. 급성장을 자랑거리로 삼는다. 어떤 버섯은 여섯 시간이면 자란다. 호박은 6개월이면 자란다. 그러나 참나무는 어느 정도 자라는 데만 6년이 걸리고, 참나무다운 건실한 자태를 드러내려면 무려 100년이 걸린다.

어떤 특별한 분야에서 세계적인 수준으로 자신을 자리매김하기를 원하는 사람이 있다면, 그 분야에서 지속적이고 정교한 훈련을 최소한 10년 정도 해야만 한다. 앤드류 카슨Andrew Carson 박사는 이를 '10년 법칙'으로 명명했다. 이 법칙에 따르면 어떤 분야에서건 전문성을 획득하기 위해서는 최소한 10년 이상 부단한 노력과 집중력이 필요하다. 여러 심리학자들의 연구에 따르면, 성인기의 성취는 어떤 영역이든 중단 없는 노력에 의해 이루어진다. 천재라고 알려진 사람들의 천재성은 우리의 상상을 뛰어넘는 집중과 반복, 즉 끊임없는 배움과 연습의 산물일 뿐이다.

세계적 베스트셀러 작가 말콤 글래드웰Malcolm Gladwell은 이를 '1만 시간의 법칙'이라고 칭했다. 모차르트 같은 천재 작곡가도 사실은 1만 시간 이상을 투자해서 재능을 갈고닦아서 비로소 천재의 반열에 올랐다는 주장이다.

모든 것이 빨리 변하고 있는 오늘날, 더군다나 참을성이 점점 더 없어져서 수시로 취미나 관심사가 변화하는 요즘의 젊은이에게 10년 정도를 한 분야만 파라고 이야기하는 것은 어불성설에 가깝다고 할 수 있다. 그러나 그냥 이것저것 다 해보고 평범하게 살아가는 것이 아니라, 특정한 분야에서 최고의 작품을 남기겠다는 목표를 갖고 있다면 최소한 10년간은 한 우물을 파겠다는 굳은 각오로 첫걸음을 떼야 한다.

열정을 품는 동시에, 자신의 사명과 목적에 맞는 일이라면 10년이 아니라 인생이 다하는 날까지 계속하겠다고 생각하는 것이 무엇보다 중요하다.

20세기 첼로의 거장으로 불리는 파블로 카잘스Pablo Casals. 그는 단 한 순간도 인생에서 배움이란 단어를 내려놓은 적이 없는 사람이었다. 그는 어린 시절 오르가니스트였던 아버지의 영향으로 음악을 접하면서 첼로에 대한 사랑을 키웠고, 바르셀로나와 마드리드, 파리 등지로 옮겨 다녀야만 하는 어려운 환경 속에서도 1973년 푸에르토리코에서 아흔여섯의 나이로 세상을 떠날 때까지 하루도 빠짐없이 매일 여섯 시간씩 연습했다.

그런 카잘스에게 젊은 신문기자가 물었다.

"당신은 이미 세상에서 가장 위대한 첼리스트로 인정받고 있습니다. 그런데 95세 나이임에도 아직까지 하루에 여섯 시간씩 연습하는 이유가 무엇입니까?"

카잘스는 전혀 머뭇거림 없이 "내 연주 실력이 아직도 조금씩 향상되고 있기 때문입니다"라고 대답했다.

배움에는 때가 없으며, 자신을 성장시키고자 한다면 계속 배워야 한다는 교훈을 남긴 카잘스는 진정한 배움의 달인이었다. 이렇게 일생에 걸쳐 어제보다 더 나은 나를 만들겠다는 마음가짐으로 나와의 끊임없는 경쟁을 계속한다면 누구를 막론하고 자신의 인생을 하나의 작품으로 만들 수 있을 것이다.

심리학자 탈 벤 샤하르Tal Ben Shahar는 말했다.

"인류 역사를 통틀어 위대한 업적을 남긴 사람들은 모두 자신이 하는 일에서 커다란 즐거움과 사명감과 의미를 찾은 사람들이다. 보다 많은 연봉이나 보다 높은 지위에 오르기 위해서 자신이 하는 일을 '참으면서' 하는 사람이 위대한 업적을 남긴 예는 없다."

꾸준하게 한길을 파기 위해서는 그릿GRIT이 필요하다. 두려움과 역경을 극복하고 끝까지 밀고 나가 성취하는 마음의 근력이 바로 그릿이다. 이것은 펜실베이니아대학교 심리학과 교수 앤절라 더크워스Angela Duckworth가 2013년 발표한 개념으로, 성장 마인드세트Growth Mindset, 회복탄력성Resilience, 내재동기Intrinsic Motivation, 끈기Tenacity를 뜻한다. 그릿은 단순히 열정뿐 아니라 끈기 있게 노력하는 근성까지 포함한 용어다. 그래서 '투지'라고 번역되어 쓰이기도 한다. 더크워스에 따르면 재능에 상관없이 그릿 지수가 높은 사람은 목표를 향한 열정과 끈기가 있고, 실패하더라도 높은 자존감 덕분에 상처를 입지 않는다. 반대로 그릿 지수가 낮은 사람은 열정에 넘쳐 이것저것 시도는 하지만 끈기가 없어 결국 하나도 자신의 것으로 만들지 못한다.

그릿을 기르기 위해서는 일단 선택과 집중이 필요하다. 자기 분야에서 최정상에 오르기 위해서는 자신이 관심을 느끼는 분야를 정한 후, 매일 의식적인 노력을 하는 것이 중요하다. 전문성 연구의 대가인 심리학자 안데르스 에릭슨Anders Ericsson은 놀라운 성공을 거둔 사람들의 뒤에는 타고난 재능이 아닌 아주 오랜 기간의 노력이 있었다는 것을 밝혀냈다. 에릭슨의 논문은 말콤 글래드웰에 의해 '1만 시간의 법칙'으로 널리 알려졌다. 하지만 에릭슨은 중요한 것은 양적인 시간이 아니라고 강조한다. 1만 시간의 법칙이 성공하기 위해서는 그 시간들이 '의도적인 연습deliberate practice'이어야 한다는 것이다. 한마디로 무조건 책상에 오래 앉아 있는다고 해서 공부가 되는 게 아니라 효율적인 방법을 찾아 집중하라는 것이다. 에릭슨은 의도적인 연습에는 '집중'과 '피드백', 그리고 '수정하기'가 필요하다고 한다. 다시 말해, 구체적이고 도전적인 훈련 목표를 세우고, 100퍼센트 몰입할 수 있는 환경을 만든 후, 코치의 관찰 중심 피드백을 받아 능동적으로 그 피드백을 수용하는 과정이 필요하다.

'코끼리를 먹는 방법은 한 입씩 잘라서 먹는 것'이라는 농담이 있다. 작은 노력을 꾸준히 반복하다 보면 어느새 큰 코끼리도 다 먹을 수 있다. 목표를 세우고 달성될 때까지 밀어붙이는 힘은 이처럼 꾸준하고 의식적인 노력에 있다.

10년, 1만 시간 동안 꾸준하게 노력을 이어가는 것도 중요하지만, 순간순간 집중하는 것도 매우 중요하다. 요즈음은 각종 미디어의 발달로 한 가지 일에 오랜 시간 집중하기가 점점 더 어려워지고 있다. 특히 현란한 게임들과 유튜브, 틱톡, 인스타그램 등 각종 SNS가 청소년들을 끊임없이 유혹한다. 그러나 당장의 즐거움을 잘 이겨내는 것이 장기적 성공의 기초가 된다. 이를 만족 지연 이론이라 한다. 그 유명한 마시멜로 실험에서 비롯된 이론이다.

스탠퍼드대학교 심리학 교수 월터 미셸Walter Mischel은 1970년에 심리학 실험을 진행했다. 스탠퍼드대학교 부설 유치원에 다니는 백인 중산층 가정의 4세 아이들 653명이 실험 대상이었다. 일명 '스탠퍼드 마시멜로 실험'은 이런 내용이다. 아이들은 각자의 방에서 마시멜로를 하나씩 받았다. 실험 진행자는 15분간 마시멜로를 먹지 않으면 상으로 한 개 더 주겠다고 제안했다. "이 과자를 지금 먹을래, 나중에 먹을래?" 이제 겨우 네 살 된 아이들이 마시멜로를 앞에 놓고 15분을 기다리는 건 결코 쉬운 일이 아니다. 그 달콤하고 말랑말랑하고 촉촉한 과자의 유혹을 어찌 이겨낼 수 있으랴.

실험 진행자는 충분히 설명한 다음 아이와 마시멜로를 남겨두고 방 밖으로 나갔다. 홀로 남겨진 아이들은 어떻게 반응했을까? 몇몇은 참지 못하고 먹어치웠고, 몇몇은 끝까지 기다려 상을 받았다. 15분을 기다려 마시멜로 두 개를 먹은 학생은 전체의 30퍼센트였다.

14년 후, 연구자들은 실험에 참가했던 아이들을 추적해 그들의 삶을 비교했다. 그리고 놀라운 결과를 얻었다. 마시멜로를 바로 먹지 않고 참았던 아이들과 그러지 못했던 아이들 사이의 SAT의 점수 차이는 무려 210점에 달했다. 또 마시멜로를 먹지 않고 참았던 시간이 가장 짧았던 아이들은 성장 과정에서 순간적인 충동을 제대로 조절하는 법을 익히지 못했을 뿐만 아니라 정학 처분을 받은 빈도도 높았고, 약한 아이를 괴롭힌 확률 역시 가장 컸던 것으로 나타났다. 이렇듯 마시멜로 하나가 훗날 너무나 큰 차이를 불러왔다.

최근에는 마시멜로 실험에 대한 각종 반론과 공격이 이어지고 있지만, 당장의 유혹을 이겨내고 자신이 목표로 하는 것에 집중하는 자제력과 성공의 상관관계는 꽤 크다고 할 수 있다. 입에 단 것은 몸에 안 좋은 것이 많고, 좋은 약은 입에 쓰다. 당장의 쾌락과 유혹을 극복하고 장기적 과제에 집중할 수 있는 자제력이 필요하다.

물론 10년 이상 꾸준하게 한 분야에 집중하라는 것이 휴식과 재충전 없이 쉬지 않고 달리라는 소리는 아니다. 인생은 마라톤이다. 100미터를 달리듯이 42.195킬로미터를 계속해서 달릴 수는 없다. 집중할 때와 쉴 때를 잘 구분하는 것이 오히려 오래가면서 더 큰 성과를 내는 비결이다. 휴식은 대나무의 마디와 같다. 마디가 있어야 대나무가 성장하듯 사람도 쉴 때는 확실하게 쉬어야 강하고 곧게 성장할 수 있다. 그러므로 우리는 쉴 때는 게으름 피운다는 죄책감을 완전히 벗어버린 채 확실하게 쉬면서 재충전하고, 에너지가 충만할 때 최대한 집중할 필요가 있다.

아빠는 다소 재능이 부족하더라도 지속적으로 노력하면 어느 순간 뻥 터지는 순간을 맞이할 수 있다고 이야기하셨다. 노력하다 보면 재능이 커진다고, 그래서 타고난 재능보다 노력이 더 중요하다고, 노력이 천재를 만든다고 주장하셨다. 물론 나도 토끼와 거북이의 경주에서 거북이가 토끼를 이긴 것을 잘 알고 있다. 그래도 나는 내가 남들보다 더 재능이 있는 부분이 많다고 생각은 한다. 노력하면 더 잘할 수 있다고도 생각한다. 그런데 그런 생각만큼 쉽지가 않다.

요즘은 그래도 덜 하지만 예전에는 하루에 게임을 세 시간씩이나 하곤 했다. 게임이 나의 가장 큰 적이다. 그런데 나는 그 적에 매번 무너지고 만다. 아빠 말씀대로 게임하는 것을 선택할 적마다 장밋빛 미래는 내게서 멀어진다. 이에 비해 당장은 힘들더라도 공부를 택할 때 더 나은 미래에 대한 가능성은 조금씩 높아진다. 게임을 하고 싶을 때는 이렇게 선택하는 시간을 가져보면 좋겠다고 아빠랑 이야기했다.

올림픽에 나가는 선수라면 게임을 하고 싶더라도 참고선 훈련을 택할 것이다. 아마도 그런 순간마다 금메달을 따는 순간을 상상하지 않을까? 나도 그렇게 해야겠다. 게임을 하고 싶을 때마다 '지금 게임을 하면 하버드대학교에 가지 못하고 지금 한 시간 참으면 하버드대학교에 갈 가능성이 조금은 높아질 것이다'라며 나를 다잡자고 결심했다. 그렇다면 이를 지키기 위해 난 무엇을 해야 할까?

고민 끝에 나는 "공부할 때만큼은 핸드폰을 엄마 방에 가져다두면 어떨까?" 하고 의견을 냈다. 그랬더니 아빠가 아주 좋아하셨다.

그리고 아빠가 이야기해주신 생명의 예비군이란 단어가 머릿속에 오랫동안 남았다. 정말 간절한 목표를 가지고 노력하면 뭐든지 할 수 있을 것 같다. 이 이야기를 들으면서 나도 많은 결심을 하게 되었다. 센트럴 파크를 매일 걸으면 좋겠다는 생각을 아빠한테 이야기했다. 아빠가 좋아하시는 모습을 보자 나도 덩달아 기분이 좋아졌다.

10년 동안 한 우물을 파면 성공한다는 10년의 법칙도 마음에 와 닿았다. 물론 한 분야를 10년 동안 계속 몰입해서 파고든다는 것이 부담되는 건 사실이다. 많은 방해 요소를 뚫고 10년 법칙을 지켜나가려면 어떻게 해야 할까?

미래 비전도 더 많이 생각해봐야겠다. 딴생각을 못 하게 물리적으로 SNS와 멀어지는 것도 좋겠다. 자물쇠가 달린 핸드폰 보관함 같은 것이 있으면 나처럼 끈기가 부족한 젊은이들에게 도움이 될 것이다. 요즘 친구들이 다 하는 걸 안 하면 괜히 왕따를 당할 것 같은 두려움이 있는 등 게임이나 SNS 등을 자제하는 걸 방해하는 요소가 주변에 많다.

그릿이라는 단어도 처음 들어보았지만 그것을 제대로 키울 수만 있다면 큰 도움이 될 거라는 예감이 든다. 일기를 쓰면 자기 관리에 도움이 되지 않을까. 그런데 이 이야기는 아빠에게 하지 않았다. 아직은 일기를 꾸준히 쓸 자신이 없어서다. 좋은지는 알지만.

#공부

#대학

#독서

#평생 학습

#성장 마인드세트

어른이 되면
더 공부할 필요가 없을까?

이제 학교 공부를 열심히 해야 한다는 점을 아들에게 더 강조할 필요가 없을 정도가 되었다. 그래서 오늘 하루는 마음 편하게 아빠로서 평생 학습에 대한 여러 가지 생각을 공유하는 시간을 가졌다.

"공부하는 게 즐거운가?"

"공부는 왜 하는가?"

"어른이 되면 더 공부할 필요가 없을까?"

"공부 잘하는 법이 있을까?"

"왜 책과 신문을 읽어야 하나?"

"성장 마인드세트가 왜 중요한가?"

아들은 예전부터 『뉴욕타임스』를 인터넷으로 보는 것을 좋아했다. 그래서 유료 인터넷판 『뉴욕타임스』를 구독시켜주었다. 이것 덕분인지 몰라도 아들은 글을 잘 쓴다. 학교 신문에도 아들이 쓴 논설이 수차례 실렸다. 앞으로 시간이 나면 인터넷 말고, 오프라인 신문을 꼭 읽자고 약속했다.

생각거리

공부하는 즐거움을 찾아서

"공부는 과연 괴로운 것일까? 즐거운 것일까?"

"공부는 왜 해야 하나?"

"언제까지 해야 하나?"

"공부의 목적은 무엇일까?"

이번 시간에는 이런 질문들을 중심으로 아들과 허심탄회하게 이야기를 나누었다. 대부분의 사람들, 특히 입시에 시달리는 청소년들은 공부를 싫어하는 것이 현실이다. 하고 싶어서 즐거워서 하는 것이 아니라 어쩔 수 없이 좋은 대학에 가야 하니까, 부모가 하라고 하니까 강제로 공부하는 학생들이 대부분일 거라 믿는다.

정말 공부는 왜 하는 것일까?

공부는 크게 '목적으로서의 공부'와 '수단으로서의 공부'로 나눌 수 있다. 목적으로서의 공부는 공부 그 자체가 즐거움이라는 것이다. 2500년 전 공자는 말했다. '學而時習之 不亦說乎'라고. 이런 뜻이다. 배우고 또 때로 익히면 이 또한 즐겁지 아니한가?

2500년 전에 벌써 이런 원리를 알았다는 것이 놀라울 따름이다. 개인적으로는 중학교 다닐 때 한문 시간에 이 말의 피상적인 뜻만 아니라 그 안에 숨은 공부의 목적과 즐거움을 제대로 배울 수 있었다면 인생이 달라졌을 거라는 아쉬움이 크다.

첫 번째로 목적으로서의 공부에 대해 살펴보자. 우리 인간은 누구나 새로운 것을 배울 때 짜릿한 흥분과 함께 강한 몰입감을 갖고 빠져든다. 정말 재미있는 소설책이나 관심 있는 책을 읽었을 때, 처음 가본 낯선 곳을 여행해서 새로운 사실을 알았을 때, 흥미진진한 역사 속 이야기를 들었을 때, 깊이 고민하다 숨겨진 원리를 깨달았을 때 느끼는 짜릿함을 생각해보라.

이것을 심리학자 미하이 칙센트미하이Mihaly Csikszentmihalyi는 '몰입'이라는 개념으로 설명한다. 의사가 수술을 할 때, 산악인이 암

벽을 등반할 때 시간 가는 줄 모르고 깊이 몰입하는 상태를 떠올려보면 쉽게 이해 가능하다. 과학자들은 사람이 책 속에 깊이 빠져들었을 때도 이와 같은 몰입 상태에 빠지고 그럴 때 기쁨을 느낄 수 있는 호르몬 세로토닌이 다량 방출된다는 사실을 증명했다. 즉 자기 주도적으로 공부한다면 누구나 공부하는 즐거움을 깨달을 수 있다. 이것이 바로 목적으로서의 공부다. 공부와 학습 그 자체에서 행복을 느끼는 것이다.

두 번째 공부의 목적은 수단으로서의 공부다. 공부를 하게 되면 역량이 향상된다. 그러면 예전에는 못했던 문제도 쉽게 풀게 되고 더 높은 성과를 얻을 수 있다.

일단 청소년기 공부의 목적은 좋은 대학을 가는 것이다. 지금까지는 좋은 대학에 들어가면 평생 성공이 보장되는 세상이었다고 할 수 있다. 일류 대학에 들어가면 좋은 직장에 취업할 수 있고 한 번 좋은 자격증을 따거나 좋은 직장에 취직하면 평생 동안 안정적으로 살아갈 수 있었다. 그래서 자녀를 사랑하는 부모들은 앞뒤 생략하고 좋은 대학에 들어갈 수 있도록 반강제적으로 공부를 시켜왔다. 그러다 보니 부작용이 많이 생겼다. 아이들은 왜 공부를 해야 하는지도, 공부가 즐거운지도 모른 채 자기 주도적인 공부가 아니라 떠밀려서 하기 싫은 공부를 억지로 해야만 했다.

이는 결코 바람직한 상황이 아니다. 그러므로 지금이라도 아이가 스스로 공부하는 목적을 제대로 세우도록 부모가 도와줄 필요가 있다.

학교에 입학하는 수단 말고도 학교를 졸업하고 난 뒤에 사회생활을 하면서 공부를 하면 얻을 수 있는 게 많다. 아무래도 어려운 문제를 잘 해결하고 보다 창의적으로 일하게 되어 고성과를 창출하는 사람이 될 수 있다. 그러면 몸담고 있는 조직에서 더 인정받고 더 빨리 승진하고 더 성공하고 더 빨리 부를 움켜줄 가능성이 높아진다.

10여 년 전만 하더라도 우리는 평균 수명 70세 시대를 살았다. 그리고 매우 안정적인 시대가 오랫동안 계속되어왔다. 대학 졸업 전까지, 즉 20대 중반까지 배운 지식만 가지고도 현역이 끝나는 60세까지 잘 활용할 수 있었다. 심지어 청소년기까지 잘 배우기만 하면 평생을 살아가는 데 별 지장이 없었다. 그러나 이제는 세상이 바뀌었다. 100세 시대가 현실이 되었다. 아니 우리 청소년들이 세상을 마감할 때쯤에는 아마도 120세 시대, 150세 시대가 될 것이다. 그뿐 아니다. 세상의 변화는 훨씬 빨라져서 어제 배운 지식이 내일은 쓸모없어지거나 오히려 해로운 지식으로 변화할 수 있는 시대로 급격하게 바뀌고 있다. 이제는 젊어서 공부만이 아니라 평생 동안 공부를 해야 하는 세상이 왔다.

미래학자 앨빈 토플러Alvin Toffler는 벌써 오래전에 "21세기의 문맹자는 글을 읽을 줄 모르는 사람이 아니라 학습하고, 교정하고, 재학습하는 능력이 없는 사람이다"라며 평생 학습의 중요성을 강조했다. 요즘 핫한 예루살렘히브리대학교 역사학 교수 유발 하라리Yuval Harari는 이제 모든 사람들이 90세까지 평생 학습하는 시대가 되었음을 강조한다.

이제는 하기 싫어도 평생 학습을 해야 하는 시기다. 그런데 많은 부모가 잘못 알고 있는 점이 있다. 아이들은 결코 공부를 하기 싫어하지 않는다. 공부의 목적을 모를 때, 그리고 강제로 떠밀려서 할 때 하기 싫어할 뿐이다. 공자의 지적처럼 공부는 즐거운 것이다. '피할 수 없으니 즐겨라'가 아니라 원래 즐거운 공부와 학습의 즐거움을 평생토록 누릴 수 있도록 생각을 바꾸고 틈만 나면 공부할 수 있도록 습관을 들이는 것이 인생의 행복과 성공을 보장해준다는 사실을 명심하고, 우리의 아이들에게도 알려주자.

공부의 목적을 명확히 한 다음에는 나만의 공부법을 제대로 정립하는 것이 반드시 필요하다. 미국 제16대 대통령 에이브러햄 링컨Abraham Lincoln은 "나에게 여덟 시간의 나무 베는 시간이 주어진다면 그중 여섯 시간은 도끼를 가는 데 쓰겠다"고 했다. 공부법을 제대로 익히면 훨씬 더 적은 시간을 투입해서 훨씬 더 높은 성취를 이룰 수 있다. 그럼에도 불구하고 대부분의 학교에서는 공부법을 가르치지 않고, 학생들도 그저 열심히 공부하기만 한다.

가끔 수능 만점자들의 인터뷰를 보면 그들은 이렇게 말한다.

"일곱 시간 이상 충분히 잤어요. 학교 수업과 교과서에 충실했고, 예습 복습을 철저히 하고, 책을 많이 읽었어요."

어찌 보면 얄미워 보일 수 있으나 이 안에 정답이 있다. 과학적으로 하루에 일고여덟 시간 수면을 취했을 때 그날 배운 것이 장기 기억으로 남는다. 밤샘 벼락치기는 며칠은 효과가 있을지 모르지만 장기간의 수험 생활에서는 결코 득이 되지 않는다. 예습과 복습을 철저히 하는 것도 매우 중요하다. 공부는 결국 어떤 내용을 잘 이해하고, 그것을 오랫동안 기억한 다음에 시험 등에서 잘 활용하는 것이다. 예습은 이해를 돕고, 복습은 장기 기억을 돕는다. 그날 배운 것을 잠자리에 들기 전에 한 번씩 훑어보는 식으로 빠르게 복습하는 습관만 들여도 성적은 크게 올라간다. 이외에도 오답 노트 관리를 잘한다든지, 스스로 선생님의 입장이 되어 문제를 내본다든지, 친구들을 가르쳐본다든지 하면 내용에 대한 정확한 이해와 기억에 큰 도움을 줄 수 있다. 따라서 본격적인 공부를 시작하기에 앞서 반드시 자신만의 공부법을 정해서 숙달할 필요가 있다. 가르치면서 배우면서 함께 성장한 다는 소위 교학상장教學相長 효과를 볼 수 있다.

유대인처럼 질문하고 치열하게 토론하는 하브루타식 학습도 좋은 방법이다. 한국인 부모들이 자녀에게 "오늘 학교에서 무엇을 배웠니?"라고 물을 때, 유대인 부모들은 "오늘 어떤 질문을 했니?"라고 묻는다. 한국에서는 '어떻게how'를 통해 답을 찾는 것을 중요하게 생각한다면, 유대인들은 '왜why'라는 질문을 통해 자신만의 생각을 가지는 것을 중요하게 생각한다.

성장 마인드세트로 무장하고 평생 학습을 즐겨라

"인생이란 다듬기 나름이다. 보보시도량步步是道場, 이것이 인생이다. 나는 가끔 이 말을 되새겨본다. 사람은 늙어서 죽는 것이 아니다. 한 걸음 한 걸음 길을 스스로 닦아나가기를 멈출 때 죽음이 시작되는 것이라는 생각이 든다."

이병철 삼성그룹 창업회장의 말이다.

사람이 배우지 않고 성장을 멈추면 곧 죽음과 같다. 평생 동안 겸손한 자세로 지적 호기심을 갖고 새로운 것을 탐구하는 것을 즐기는 습관이 절대적으로 필요하다.

어제의 지식은 나에게 도움이 되기도 하지만 급격하게 변화하는 오늘날에는 매우 빠르게 쓸데없는 지식으로 전락하고, 심지어 어제까지 사실이었던 지식이 오늘은 잘못된 것으로 판명되어 오히려 나에게 해를 끼치는 경우도 비일비재하게 많이 일어날 수밖에 없다. 그리고 좋은 대학을 나왔다는 것, 가방끈이 길다는 것이 자부심을 넘어 자만을 불러오고, 그 자만이 추가적인 학습을 저해한다면 분명 좋은 대학이라는 학력은 자산이 아닌 부채로 작용하게 될 것이다.

특히 나이가 들어 꼰대 소리를 듣는 사람들이 많은데 그들의 공통점이 바로 확증 편향에 빠져 있다는 것이다. 과거에 배워서 알고 있는 것만이 진리라고 생각해서 이에 반하는 새로운 정보나 사실은 다 거부하고, 자신의 생각에 맞는 정보들만 선택적으로 받아들여 더 강화하는 현상을 말한다. 하지만 공부를 게을리하고, 새로운 생각들, 과거의 내가 알고 있던 반대의 생각과 사상을 받아들이지 못하면 결국은 급격한 쇠퇴의 길로 들어서게 된다.

이제는 학력學歷이 아니라, 학력學力이 중요한 시기가 도래했다. 즉 과거에 얼마나 배웠는지, 어느 대학을 나왔는지, 어떤 자격증을 취득했는지가 중요하지 않으며, 호기심과 지적 겸손함을 갖추고 계속해서 학습하려는 습관을 만드는지, 잘 모르는 것은 아랫사람들에라도 배우려고 하는 의지를 다지는지 등이 훨씬 더 중요하다.

나는 아직 부족해서 배울 것이 많다고 생각하는 자세를 '성장 마인드세트'라 하고, 반대로 나는 이미 많이 알고 있어서 더 이상 배울 것이 없다고 생각하는 자세를 '고착 마인드세트'라고 한다. 사소해 보이지만 성장 마인드세트를 가진 사람은 지속적으로 성장 발전하는 반면, 고착 마인드세트를 가진 사람은 지속적으로 쇠퇴할 수밖에 없다.

스탠퍼드대학교 심리학 교수 캐럴 드웩Carol Dweck은 저서 『마인드셋』에서 인간의 능력에 대한 믿음에는 두 가지 형태가 있다고 설명했다. 하나는 인간의 능력은 변하지 않는다는 믿음이고, 또 다른 하나는 인간의 능력은 성장하고 변화할 수 있다는 믿음이다. 전자는 '고착 마인드세트', 후자는 '성장 마인드세트'라고 명명했다. 드웩은 많은 것들이 이 마인드세트, 즉 마음가짐에 영향을 받는다고 이야기한다. 자신이 성장한다고 믿는 이는 정말로 성장하고, 자신이 고착되어 있다고 믿는 이는 정말로 그 상태에 고착된다는 것이다.

성장 마인드세트와 고착 마인드세트의 가장 큰 차이는 재능을 바라보는 관점이다. 지금까지 많은 사람들이 고착 마인드세트에 기반해서 어떤 일에 대해 '나는 재능이 없다' 혹은 '나는 재능이 있다'고 분류해왔다. 재능이 있다고 생각하면 다행이겠지만, 재능이 없다고 생각하고 선언하는 순간 더는 노력할 의미가 없어진다. 하지만 성장 마인드세트를 지닌 사람에게 재능이 있는지 없는지는 중요하지 않다. 중요한 것은 무엇이든 배울 수 있다는 태도, 더 나아질 수 있다는 태도다. 나아질 수 있다는 믿음이 있는 사람은 훈련과 시도를 반복하고, 실제로 나아지기 때문이다.

'나는 아직 부족하다. 내가 알고 있는 것이 사실이 아닐 가능성이 크다. 그래서 항상 열린 마음으로 새롭게 배워야 한다'는 마인드세트로 평생 동안 학습을 즐긴다면 누구나 성공적인 삶을 살아갈 수 있다.

내가 한 가지 추천하는 평생 학습 방법은 매일 오프라인으로 신문을 하나 이상 구독하는 것이다. 지난 수십 년간 나는 매일 오프라인으로 10종의 신문을 탐독해왔다. 실제 신문을 읽는 데 걸리는 시간은 한 시간에서 한 시간 반 남짓 된다. 오프라인 신문 하나는 책 한 권 분량이다. 물론 모든 뉴스를 꼼꼼히 읽을 필요는 없다. 원래 잘 알고 있는 사실, 가십거리 등은 그냥 제목만 보고 넘겨도 된다. 신문을 꾸준하게 읽으면 세상 돌아가는 이치를 파악할 수 있고 무엇보다도 미래에 대한 통찰을 얻을 수 있다.

주요 일간 신문사에는 기자만 500명이 넘는다. 이들의 직간접 인건비만 해도 500억 원 이상이다. 그런데 이들이 월급을 받고 하는 일은 딱 한 가지다. 바로 매일 신문을 만드는 것이다. 그러니 주요 일간지를 하루도 빼놓지 않고 꼼꼼하게 읽는 것은 500억 원의 비용을 들여 지식 비서를 두는 것과 마찬가지다. 이만큼 수지에 맞는 일은 세상에 많지 않다. 혹자는 온라인으로 충분히 뉴스를 본다고 말한다. 그러나 온라인 뉴스를 살피다 보면 자극적인 제목에 낚일 가능성이 많다. 오프라인 신문의 또 다른 장점은 전문가에 의한 큐레이션을 들 수 있다. 신문의 면과 크기, 제목까지 전문가 편집을 거쳐 만들어진 오프라인 신문은 온라인에 비해 더 유용한 기사를 접할 수가 있다. 당신도 매일 신문 1종 이상을 오프라인으로 수십 년 구독한다면 분명 인생이 달라질 것이다.

책이 위대한 사람을 만든다

미국 역사상 가장 존경받는 대통령으로 꼽히는 에이브러햄 링컨. 그는 남북전쟁 승리 축하 파티에서 이렇게 연설했다.

"난 지금 두 사람의 여성에게 감사를 드립니다. 한 분은 나에게 책 읽기의 습관을 붙여주신 나의 계모시고, 또 한 분은 『톰 아저씨의 오두막』을 써서 나에게 흑인의 슬픔을 일깨워주신 스토우 부인이십니다."

문화체육관광부 '2019년 국민 독서 실태조사'에 따르면 대한민국 성인의 종이책 연간 독서량은 6.1권으로 나타났다. 그렇다면 '책의 민족people of the book'이라 불리는 이스라엘 사람들은 어떨까? 2019년 이스라엘 중앙통계국에 따르면 이스라엘 국민의 연간 독서량은 50권 이상이다.

점점 더 책을 읽지 않는 세상이 되고 있다. 심하게 표현하면 책을 읽는 사람은 마치 원시인처럼 취급된다. 역설적으로 그래서 우리는 책을 더 읽어야 한다.

"내가 살던 마을의 작은 도서관이 나를 만들었다. 나는 아무리 바빠도 매일 한 시간씩, 주말에는 두세 시간씩 책을 읽는다."

빌 게이츠 말이다.

"리더와 책은 떼려야 뗄 수 없는 관계다."

존 F. 케네디의 독서 예찬이다.

미래에셋 박현주 창업회장은 "오늘의 나를 만든 것은 80퍼센트가 독서의 힘이다"라고 이야기했다. 소프트뱅크 회장 손정의와 이랜드그룹 회장 박성수의 공통점은 20대 초반 중병으로 수

년간 병원에 입원해 있을 때 수천 권의 책을 병상에서 독파했다는 점이다.

3년 후, 10년 후 어떤 사람이 될지는 그동안 내가 어떤 책을 읽느냐 하는 것에 의해 결정될 가능성이 높다. 우리는 우리가 읽은 것으로 만들어진다. 책 한 권을 쓰기 위해 저자가 투입한 시간, 그가 쌓은 엄청난 지식과 경험을 우리는 고작 1~2만 원의 저렴한 비용으로 여섯 시간 정도의 작은 시간을 투입해서 내 것으로 만들 수 있다. 이 얼마나 효과적인 투자인가? 세상에서 이것보다 더 좋은 투자는 없다고 할 수 있다.

독서의 장점이 이토록 많지만, 그럼에도 점점 더 책을 읽는 사람은 줄어드는 추세다. 특히 우리나라 성인들의 연간 독서량은 가히 부끄러운 수준이다. 모바일 세상, 유튜브와 각종 SNS 등 일종의 패스트푸드와 같은 것들로 넘쳐나는 세상에서 차분히 앉아 독서하는 것이 점점 더 어려워지고 있는 게 사실이다.

디지털 디바이드Digital Divide, 즉 정보 격차라는 용어가 있다. 정보를 많이 알고 있는 사람과 그렇지 못한 사람과의 차이가 점점 더 벌어지는 현상을 가리킨다. 향후에는 북 디바이드Book Divide가 매우 심해질 것이다. 사람들이 점점 더 책을 읽기 어려운 환경이지만, 그런데도 꾸준하게 책을 읽은 사람들과 그렇지 않은 사람들의 격차가 점점 더 심화되리라 전망된다.

앞으로는 책을 꾸준하게 읽는 극소수의 사람들이 세상을 지배하게 될 것이다. 나는 젊은이들을 만날 때마다 "향후 30년간 매년 50권의 책을 정독하고서도 성공하지 못하면 찾아오라. 그럼 내가 책임지겠다"고 강조해서 말한다. 물론 그런 일은 없을 것이다. 매년 50여 권의 책을 30년 이상 꾸준하게 읽는 사람은 반드시 성공할 테니까.

매년 50권씩 책을 정독하면 30년이면 1,500권 이상의 책을 독파하게 된다. 책을 꾸준하게 읽으면 당연히 더 많은 지식을 얻는다. 상식이 넓어진다. 생각이 유연해지고, 지적 호기심은 커지고, 지적 겸손을 유지할 수 있다. 사고가 깊어지고, 창의력이 좋아진다. 인격이 수양된다. 문제 해결력이 높아진다. 미래에 대한 통찰력이 탁월해진다. 대화거리가 많아져서 사람들이 따르게 된다. 책을 읽는 시간이 늘어남에 따라 이 모든 것은 기하급수적으로 증가한다. 책을 읽지 않는 사람과의 격차는 점점 더 벌어지고, 성공하는 인생을 살아갈 가능성이 점점 더 커진다.

수십 년에 걸쳐 매년 최소 50권의 책을 정독하기만 하면 된다. 독서 방법, 책 선정에 당장은 크게 신경 쓰지 않아도 된다. 읽다 보면 자연스럽게 방법을 터득한다. 인문학과 고전, 즉 문학책, 철학책, 역사책은 물론 좋다. 그러나 굳이 특정 분야만 고집

할 필요는 없다. 자기 계발서도 충분히 읽을 가치가 있다. 책을 많이 읽다 보면 책을 고르는 선구안이 좋아진다. 특별한 독서법을 고집할 필요도 없다. 자기에게 맞는 방법을 만들어가면 된다.

하루 한 시간 웹서핑이나 드라마를 보는 대신 책을 읽는 습관을 들이자. 그게 성공하는 지름길이다.

그럼 이제 독서를 통해 크게 성공한 몇몇 위인들 사례를 살펴보자.

벤자민 프랭클린

미국 정치인 벤자민 프랭클린Benjamin Franklin은 어려서부터 독서를 무척 좋아했다. 가정 형편 때문에 중도에 학업을 그만두고 집안일을 도울 때도 손에서 책을 놓지 않을 정도였다. 그는 집에 있는 책들을 다 읽고서는 용돈을 모아 책들을 샀는데, 그때 산 책들이 플라톤의 저작집, 『플루타르크 영웅전』, 영국 작가 다니엘 디포Daniel Defoe의 소설집이었다.

프랭클린은 인쇄소에서 일할 때노 밤새도록 책을 읽곤 했다. 당시 서점에서 일하던 친구에게서 문학, 역사, 철학 등 다양한 분야의 책을 빌려 읽었는데, 신간일 경우는 재빨리 읽고 돌려주는 방법으로 책을 읽었다. 그는 또 밥값을 아껴야 마음에 드는 책을 살 수 있었기에 소식가가 되었다. 심지어는 빵과 과자, 건

포도와 물만으로 허기를 채울 때도 많았다.

그는 혼자서 수학과 4개 국어를 익혔고 습작도 게을리하지 않았다. 인쇄공에서 피뢰침의 발명가, 필라델피아대학교 설립자, 최초의 의용 소방대와 화재보험 창시자, 미국철학회 창립자, 미국독립선언서의 서명자, 외교관 등이 된 프랭클린의 빛나는 인생은 끊임없이 추구해온 지식을 바탕으로 세워졌다. 결국 그는 초등학교 2년의 학력이 전부임에도 불구하고 하버드와 예일, 옥스퍼드, 에든버러, 성 안드레아 등 여러 대학교에서 명예 석사와 박사 학위를 받게 되었다.

토머스 에디슨

토머스 에디슨이 학교에서 퇴학당한 뒤 그의 유일한 선생님은 어머니였다. 어머니의 교육 방법은 먼저 독서에 대한 흥미를 높여주는 것이었다. 에디슨은 다양한 책을 속독했는데 한 번에 열 줄씩 훑어 내려가면서도 내용을 거의 외웠다. 그렇게 에디슨은 셰익스피어와 디킨스의 소설을 탐독했고, 9세 때에는 매우 어려운 책도 소화해냈다. 그중에 『자연과 실험과학』이라는 증기 기관차에서 기구까지 당대의 과학 지식을 총망라한 책이 있었는데 고등학생이 읽기에도 어려운 수준이었다. 그런 책을 에디슨은 마치 책에 굶주리고 목마른 사람처럼 단번에 읽어 내려갔다.

하지만 에디슨은 훗날 백과사전에 자신의 이름이 수차례 오르내리리라고는 예상치 못했을 것이다. 그는 10세 때 에드워드 기번Edward Gibbon의 『로마제국 흥망사』, 데이비드 흄David Hume의 『영국사』, 아이작 뉴턴Isaac Newton의 『자연철학의 수학 원리』를 비롯해 영국 정치가 토머스 번즈Thomas Burns의 책들을 읽었다.

에디슨은 기차에서 신문을 팔 때도 꾸준히 책을 읽었다. 기차가 디트로이트에 여섯 시간 머무는 동안에 에디슨은 청년협회 열람실로 향했다. 하루는 그곳의 도서 관리원이 에디슨에게 책을 얼마나 읽었냐고 물었다. 에디슨은 첫 번째 책꽂이의 두 층에 있는 책을 읽었다고 했다. 관리원은 또 에디슨에게 왜 전혀 연관 없는 분야의 책을 동시에 읽는지 물었다. 그러자 에디슨이 대답했다.

"책꽂이에 꽂힌 순서대로 읽는 거예요. 여기에 있는 책은 모조리 다 읽을 생각이거든요."

이처럼 탐독하는 습관 덕에 에디슨은 당시 뛰어난 저작이었던 『패러네이 전기 실험』을 접할 수 있었다. 이 책을 읽을 때, 에디슨은 새벽 4시에 일어나 점심때까지 독서에 몰두했는데, 누군가 점심시간에 재촉하면 탄식하며 이렇게 말했다.

"할 일이 많은데 인생은 너무도 짧구나!"

그는 꿈속에서라도 갑자기 의문이 생기면 책을 펼쳐볼 생각으로 잘 때도 『패러데이 전기 실험』을 베개맡에 두었다. 이 책은 에디슨에게 평생 가장 소중한 책이 되었고, 훗날 에디슨이 수많은 발명을 할 수 있었던 원천이 되었다.

리카싱

고작 600만 원을 종잣돈으로 삼아 플라스틱 그릇 판매부터 시작한 홍콩 최대 기업인 청쿵그룹 회장 리카싱李嘉誠. 재신財神으로 추앙받는 현재의 위치에 도달하는 데 적지 않은 위기와 고비가 있었으나, 리카싱은 그때마다 위기를 기회로 전환시켰고 불가능하다는 비즈니스를 성사시켰다. 그리고 이 같은 성공의 비결로 그는 단연 독서를 첫손가락에 꼽았다.

그는 60년이 넘도록 단 하루도 빼놓지 않고 잠들기 전에 30분씩 책을 읽었다. 이 30분의 시간이 그에게는 새로운 지적 충전의 기회였다. 리카싱은 책을 통해 더 넓은 비전과 비판적인 사고 능력을 키웠다고 토로한다. 고작 30분에 불과한 시간으로 얼마나 읽었겠느냐고 의심하는 사람들이 많겠지만, 매일 저녁 30분이라는 짧은 독서 시간을 60년간 지속하자 그의 머릿속에는 세계 정세는 물론이고 최첨단 IT 분야까지 소상하게 꿰뚫는 지식의 창고가 갖추어졌다.

솔직히 말하면 나는 지금까지 억지로 공부했다. 아니 공부하는 척하고 딴짓을 할 때가 더 많았다. 그러나 이제는 왜 공부해야 하는지 알게 되었다.

그동안 아빠는 자기 주도 학습이 중요하다고 입이 닳도록 이야기를 해오셨다. 그리고 적은 시간을 들여 효과적으로 공부하는 나만의 공부법 개발을 먼저 해보라고 끊임없이 잔소리를 하셨다.

이번에 대화를 나눌 때 아빠에게 나도 공부가 즐거운 때가 있다고 이야기했다. 100점 맞았을 때, 뭔가를 성취했을 때, 그리고 역사 수업을 들을 때는 그 자체가 흥미롭다.

이번에 다시 한번 나만의 공부법에 대해서 아빠랑 많은 시간 대화를 했다. 오늘은 내가 더 자세히 이야기하자고 조르는 편에 가까웠다. 아빠가 말하는 공부에 대한 모든 것은 사실 다 동의한다. 앞으로는 내가 잘 실천하는 것이 중요하다.

아빠랑 함께 이야기한 '공부 잘하는 법'은 다음과 같다.

- 예습을 충분히 하고 사전에 질문거리를 준비해서 수업에 들어간다.
- 자신을 선생님이라 생각하고 시험 문제를 먼저 내본다.
- 친구들을 가르쳐보자. 가르치다 보면 더 잘 이해하게 된다.
- 그날 배운 것은 반드시 그날 복습을 한다.
- 하루에 일곱 시간씩은 반드시 자고, 대신 깨어 있을 때 집중한다.

미국에 돌아가면 아빠가 말한 공부법을 토대로 나만의 공부법을 만들어서 책상에 붙여놓아야겠다.

우리 학교는 객관식 시험만 보는 게 아니라 선생님들이 주관적으로 주는 점수 비중이 크다. 그런데 지금까지는 선생님들과 사이가 좋지 않아서 내가 생각하기에 항상 불이익을 받는 것 같았다. 아빠는 선생님들 잘못도 있을 수 있지만, 나의 태도나 자세가 선생님들께 안 좋게 보였을 가능성이 크다고 지적하셨다. 어떻게 하면 선생님들이 내게 더 좋은 점수를 주게 할지에 대해서 아빠의 조언을 많이 들었다. 평소와 비슷한 이야기지만 오늘은 아주 기분 좋게 들렸다. 나는 그 내용을 메모하고 머릿속에 집어넣으려고 노력했다.

아빠는 선생님이 나를 좋은 학생으로 우호적으로 평가할 수 있도록 하는 것이 중요하다고 하셨다. 즉 선생님과 좋은 관계를 형성하는 것이 먼저다. 그러려면 수업 시간에 선생님 말씀을 주의 깊게 듣고 많은 질문을 하라고 아빠가 팁을 주셨다. 선생님을 무시해서는 절대 안 되고 선생님을 존경한다는 표현을 아끼지 말라고도 하셨다. 수업 시간에 졸지 않으려면 밤 12시 전에는 잠을 자서 또렷한 정신으로 수업에 임해야겠다고 생각했다.

여태껏 아빠가 신문을 좋아하고 책을 좋아하는지는 알았지만(아빠는 집에서 늘 책이나 신문을 보신다.) 하루에 10종의 신문을 매일매일 읽는지는 오늘 처음 알았다. 나도 『뉴욕타임스』를 인터넷으로 가끔 보지만, 어른이 되면 아빠처럼 오프라인으로 여러 신문들을 읽도록 해야겠다.

그런데 정말 아빠 말처럼 공부가 즐거워지는 때가 오기는 하는 걸까?

Tag

#인간관계

#자리이타

#51 대 40의 법칙

#윈윈

#감정 계좌

#웨이터 룰

친구는 왜 필요할까?
나는 어떤 친구가 되면 좋을까?

아들은 어려서부터 대인관계에 어려움을 겪었다. 초등학교 때는 지속적으로 왕따를 당했다. 여의도초등학교 3학년 때 경기초등학교로 전학한 것도, 경기초등학교를 1년 다니고 다시 미국으로 전학한 것도 결국 왕따가 심각해서였다. 당시 아들에게는 문제가 있었다. 내성적이며, 화를 참지 못하고 크게 화를 내곤 했다. 일종의 조울증이 아닌가 걱정도 많이 했다.

지금은 그렇게 큰 문제를 일으키지는 않는다. 하지만 여전히 좋은 친구들이 많지 않고 남들과 어울리기를 힘들어해서, 학교에 가는 것을 달가워하지 않는다.

"본인의 성격은 내성적인가? 외향적인가?"

"친구들과 잘 못 지내는데, 잘 지내고 싶은 생각이 있는가?"

"앞으로 성공하려면 다른 사람들과 많이 협력해야 할 텐데 성격을 고쳐야 할 필요는 없을까?"

"인간관계를 잘하려면 어떻게 해야 할까?"

나는 이런 질문들을 아들에게 집중적으로 했다. 그러자 아들은 본인이 내성적 성격이고 친구들을 잘 사귀지 못하는 줄 알고 있다면서 이제는 성격도 바꾸고, 많이는 아니더라도 친구를 사귀고 싶다고 했다.

나는 아들이 인간관계의 가장 기초가 되는 인성은 훌륭하게 갖추었다고 믿고 있다. 다만 스스로 화를 다스리지 못하고, 사람들과 잘 지내는 방법을 모르는 것이 문제다. 근본이 좋으면 방법과 스킬은 얼마든지 개선시켜나갈 수 있다.

그동안 친구들 이야기를 꺼내면 아들은 항상 화부터 내곤 했다. 그러면서 자신에게는 아무런 책임이 없고, 다 친구들 탓이라고 했다. 그런데 오늘은 사뭇 달랐다. 자신의 문제를 인식하고 어떻게 개선해나가면 좋을지 많은 질문을 쏟아냈다. 아빠에게 인간관계에 대해 배우고 싶어 한다는 것이 느껴졌다.

사람은 혼자서는 결코 위대함을 만들 수 없다. 아들이 왜 인간관계가 중요한지, 그리고 인간관계는 훌륭한 인성을 바탕으로 꾸준히 노력하면 충분히 개선시켜나갈 수 있다는 점을 충분히 잘 알게 된 것 같아 매우 흐뭇하게 하루를 보냈다.

거듭 강조하지만 아는 것과 실천하는 것은 다르다. 그렇지만 나는 우리 아들이 훌륭한 인성을 바탕으로 조금씩 조금씩 교우관계를 넓혀갈 수 있으리라 믿는다. 최근 들어 나하고의 관계가 급격히 좋아진 것만 봐도 알 수 있다. 더군다나 아들의 정직성, 도덕성에 대해서는 어디를 가도 자랑스럽게 말할 수 있다. 그러니 언젠가 아들이 인간관계의 달인으로 거듭날 수도 있지 않을까 조심스럽게 기대해본다.

내가 겸손에 대해 이야기하자, 아들이 다음처럼 이야기했다.

"그치. 뭘 하든 성공한 사람은 자신이 한 일에 자만심을 가지고 있지 않아. 자기가 하고 싶은 것을 해서 정상까지 올라온 사람들은 누구나 얼마든지 발전할 수 있다는 것을 알고 있기 때문이야. 그래서 밑에 있는 사람을 깔보는 대신에 얼마나 더 올라갈 수 있나를 보지. 진짜로 잘하는 프로 게이머도 자신보다 훨씬 못하는 사람을 보면 그 사람을 깔보지 않고 어떻게 더 잘하게 도울 수 있나를 먼저 생각해. 그리고 자기 실력을 어떻게 더 늘릴 수 있나를 고민하고."

울 아들 멋지다.

상부상조: 공동체 이익을 우선하라

사람은 공동체를 떠나서는 결코 생존할 수 없다. 우리는 공동체 안에 속해 있을 때에만 도움을 서로 주고받으며 생존을 보장받고 어려움도 극복할 수 있다. 고대 그리스 철학자 아리스토텔레스는 '인간은 사회적 동물'이라는 아주 유명한 말을 남겼다. 세상은 혼자 살아가는 것이 아니다. 협력할 줄 아는 능력이 미래 핵심 역량으로 떠오르고 있는 이유다. 『탈무드』에는 '공동체를 위해 스스로 전력하는 사람들은 천국을 위해서 전력하는 것이다'라는 구절이 있다. 모든 구성원이 잘 사는 세상이 결국 나를 지켜주는 세상이 되기 때문이다. 좋은 공동체는 결국 기브 앤드 테이크give and take의 호혜성 원칙을 지킨다.

나의 헌신이 공동체를 세우고, 공동체의 헌신이 나를 세우는 신뢰 관계. 이것을 구축하기 위해 나는 오늘 무엇을 할 것인가?

처음에 다루었던 나의 인생의 목적과 사명을 다시 살펴보자. 내가 태어난 곳보다 조금이라도 더 좋은 세상을 만들어놓고 떠나는 것. 그것이 성공이다. 그러려면 나 혼자만의 힘으로 다 할 때보다 다른 사람들과 협력해서 할 때 가능성이 더 높아진다. 백지장도 맞들면 낫다. '모두가 힘을 합쳐 해결하지 못할 문제는 없다. 그러나 혼자 해결할 수 있는 일은 거의 없다.' 이것이 진리다.

남과 더불어 더 좋은 세상을 만들기 위해서는 먼저 사람의 중요성, 협력의 중요성을 제대로 인식해야 한다. 다른 사람들과 더불어 협력할 줄 아는 사람은 성공 가능성이 커지고, 반면에 다른 사람들에게 관심이 없는 사람은 인생을 사는 데 굉장히 큰 어려움을 겪기 마련이며, 심한 경우 다른 사람들에게 해도 끼친다.

모든 사회 구성원들은 각자 자신의 고유한 사명을 인식하고, 그것을 달성하고자 자신을 갈고닦아 강점을 강화한다. 약점은 과감히 포기한다. 자신이 가지고 태어난 달란트를 더욱더 강하게 단련시켜 최고로 잘하는 부분을 만들고, 그것을 합쳐서 서로의 약점을 채워주는 것이 더 낫기 때문이다. 각 분야의 최고가 된 사람들이 서로의 장점을 인정하고 협력하면 최고의 세상을 만들 수 있다.

각자가 잘할 수 있는 분야에서 고유한 강점을 갈고닦고, 다른 측면에서 자신만의 강점을 갈고닦아 각각의 분야에서 최고인 사람들끼리 협력함으로써 혼자서는 결코 해낼 수 없는 위대한 성취를 만들어가는 세상, 그것이 진정 아름다운 세상이다. 이런 세상을 만드려면 다른 사람들을 경쟁자로 생각하는 것이 아니라 잠재적 파트너로 생각해야 한다. 남들과 경쟁하는 것이 아니라 어제의 나와 경쟁해야 한다. 각자 자신이 가지고 태어난 무한한 잠재력을 100퍼센트 발휘하기 위한 선의의 경쟁을 펼쳐야 한다. 나 아닌 다른 사람이 본인 고유의 강점을 강화할 수 있도록 서로서로 돕고, 각자 자신의 사명 부분에서 최고봉에 올라야 한다. 그 최고끼리 협력해서 한 사람이 혼자서는 도저히 만들어낼 수 없는 최상의 성과를 만들어내야 한다.

남들과 협업을 잘하기 위해서는 기본적으로 훌륭한 인격을 갖추어야 한다. 상대가 협력하고 싶어 할 만큼 특정 영역에서 자신의 실력을 미리 쌓아야 한다. 사람을 존중하고 배려할 줄 알아야 한다. 나의 이익을 추구하기보다는 먼저 남의 이익을 배려해

줄 수 있어야 한다. 선공후사 멸사봉공先公後私 滅私奉公, 즉 공적인 일을 더 중요하게 생각하고 사사로운 일을 뒤로 돌리며, 사욕을 버리고 공익을 위하여 힘쓰는 자세로 공동체를 위해 단결할 때 더 좋은 세상이 가까워질 것이다.

협력을 잘하기 위해서는 내가 먼저 항상 정직하고 책임을 지고 성실하고 겸손해야 한다. 남에게 친절하고 늘 감사할 줄 알아야 한다. 50 대 50으로 나눠서 윈윈win-win하려는 자세보다는 상대가 60을 갖고 내가 40을 가질 수 있는 양보 정신을 생활화할 수 있어야 한다. 내가 40을 갖고 상대에게 60을 줄 때 비로소 상대는 공평하다고 느낀다. 그게 세상의 이치다. 인격을 수양하고 휴먼 스킬을 배양하기 위한 노력을 계속해서, 다른 사람들로부터 매력적인 사람, 같이 일하고 싶은 사람, 신뢰를 받는 사람이 되어야 한다.

성공의 85퍼센트는 인간관계에 달려 있다

"성공의 85퍼센트는 인간관계에 달려 있고, 15퍼센트만이 지적·기술적 능력에 달려 있다."

철강왕 앤드류 카네기가 어느 정도 성공을 이루었을 때의 일이다. 성공하는 사람들의 비결이 알고 싶어졌다. 그래서 카네기는 젊은 기자 나폴레온 힐Napoleon Hill에게 조사를 의뢰했다. "지금부터 전 세계적으로 성공한 사람들 500명을 만나 그들의 성공 이유를 분석해서 보고해주시오"라고 말이다. 실제로 나폴레온 힐은 수년에 걸쳐 당시 전 세계에서 가장 성공한 사람 507명을 심층 인터뷰했다. 그래서 얻은 결론이 바로 성공의 85퍼센트가 인간관계에 달려 있다는 것이다.

카네기는 본인의 묘비명을 "여기에 자신보다 더 뛰어난 사람들을 모아서 활용할 줄 알았던 사람이 잠들어 있다"라고 썼다. 그만큼 살아생전 카네기는 사람의 중요성을 제대로 인식하고 인재를 찾아 존중하고 제대로 활용했다.

"성공은 당신이 아는 지식 덕분이 아니라, 당신이 아는 사람들과 그들에게 비춰지는 당신의 이미지를 통해 찾아온다."

크라이슬러 회장을 역임한 리 아이아코카Lee Iacocca의 말이다.

성공을 위해서는 훌륭한 인맥을 만들어야 한다. 물이 어떤 그릇에 담느냐에 따라 모양이 달라지듯, 사람은 어떤 친구를 사귀느냐에 따라 운명이 결정된다. 오늘 내가 만난 사람이 5년 후의 나를 결정한다.

미국 제28대 대통령 우드로 윌슨Woodrow Wilson은 "자기 자신의 두뇌뿐 아니라 빌려 쓸 수 있는 두뇌까지 모두 사용해야 한다"라고 말했다. 왜 두뇌만 빌리는가? 손도 마음도 모두 빌려라. 많은 사람이 성공에 미치는 영향이 15퍼센트에 불과한 지적 능력을 키우는 데는 엄청난 시간과 돈과 노력을 기울이지만 상대적으로 훨씬 더 중요한, 성공의 85퍼센트를 차지하고 있는 인간관계 능력에 대한 투자는 상대적으로 소홀히 하고 있다. 지적 능력을 키우려고 하는 투자의 50퍼센트만이라도 인간관계 능력을 개발하기 위한 투자에 쏟는다면 누구나 인간관계의 달인이 될 수 있고, 더불어 인생이 바뀌게 되는 기적을 맞이할 수 있다.

그러나 사람들과 좋은 관계를 형성하는 것은 결코 쉬운 일이 아니다. 사람들의 마음은 내 뜻대로 되지 않는다. 즉 사람들은 저마다 추구하는 가치, 관심거리, 우선순위 그리고 다른 여러 가지 면에서 서로 다르다. 이런 개인차가 크면 클수록 그 차이점 때문에 거리감을 좁히기 어려워지고, 더군다나 개인 간의 차이점들을 효과적으로 관리하지 못하면 원만한 인간관계는커녕 심각한 갈등까지 겪을 수 있다.

하버드대학교에서 해고당한 사람들을 대상으로 조사한 결과에 따르면, 그 원인이 서툰 대인관계에 있는 사람들이 맡은 바 직무를 제대로 수행하지 못해 해고당한 사람들보다 두 배나 많았다고 한다. 그리고 A. E. 위컴 박사의 연구 보고서 「정신 탐구」

를 보면 대인관계와 직무 수행은 큰 연관성이 있음을 확인할 수 있다. 어느 해에 해고당한 4천 명을 대상으로 조사한 결과, 직무 수행에 문제가 있었던 사람은 전체의 10퍼센트인 400명인 데 비해, 대인관계가 서툰 것이 원인이었던 사람은 무려 90퍼센트에 이르는 3,600명이었다.

사람과 사람 사이에는 '감정 계좌'라는 것이 있다. 다른 말로 '신뢰 계좌'라고도 한다. 이는 은행의 예금 계좌와 비슷하다. 은행에 계좌가 충분히 차 있을 때는 마음이 안정되고 편안하지만, 계좌가 마이너스 잔고가 될 때는 좌불안석이 되고 만다. 사람과 사람 사이의 감정 계좌도 마찬가지다. 우리는 보통 좋아하고 신뢰하는 사람이 잘되면 "당연히 잘할 줄 알았다"고 이야기하고 혹시 잘못되면 "왜 그럴까 이상하다"고 한다. 반대로 평상시에 고깝게 보았던 사람, 신뢰하지 않던 사람이 성공하면 "웬일이지?"라고 반응하고 잘못되면 "그럴 줄 알았다"고 반응한다.

나와 상대방 사이에 충분히 신뢰가 쌓여 있으면 모든 게 편안하다. 편안하게 말도 걸 수 있고 농담도 건넬 수 있고 실수를 하더라도 편안하게 넘길 수 있다. 어려운 부탁도 쉽게 할 수 있다. 반대로 둘 사이에 감정 계좌가 적거나 마이너스면 모든 것이 힘들어진다. 따라서 미리미리 감정 계좌를 크게 쌓아놓을 필요가 있다. 감정 계좌를 든든하게 쌓기 위해선 무엇보다도 먼저 내 인격이 훌륭해야 한다. 그리고 그 사람을 존중하고, 매우 친절하게 잘 대해주어야 한다. 감사와 칭찬, 경청이 필요하다. 이에 대해서 하나하나 알아보기로 하자.

무엇보다 인격 수양이 먼저

덕이 재주를 이긴다. 소위 덕승재德勝才의 원리다.

존 맥스웰은 이렇게 말했다.

"많은 사람들이 지식을 가지고 잠시 성공한다. 몇몇 사람들이 행동을 가지고 조금 더 오래 성공한다. 소수의 사람들이 인격을 가지고 영원히 성공한다."

천재성은 감탄을, 인격은 존경을 불러일으킨다. 천재성조차 인격의 동력으로 추동되지 않으면 오히려 삶의 걸림돌이 될 수 있다. 결국, 인격이야말로 우리 인생의 가장 고결한 재산이다. 최고의 인생을 위해서는 내면의 양심에 귀 기울이고 인격을 수양해야 한다.

가장 설득력 있게 의사전달을 하는 것은 바로 내적 성품이다. 에머슨은 이것을 다음과 같이 표현했다.

"당신의 성품이 아주 큰 소리로 당신 자신을 대변해주고 있기 때문에 당신이 하는 말은 내 귀에 잘 들리지 않습니다."

물론 성품상으로는 강점을 가지고 있지만 커뮤니케이션 기술이 부족해서 원활한 대인관계를 맺지 못하는 경우도 있다. 그러나 후자가 미치는 영향은 여전히 이차적일 따름이다.

결국 우리의 어떤 말이나 행동보다 훨씬 더 설득력 있게 우리 자신을 전달해주는 것은 성품이다. 예컨대 그 사람의 내적 성품을 잘 알고 있기 때문에 절대적으로 신뢰할 수 있는 사람이 있다. 이런 경우 우리는 그 사람이 달변이든 아니든 대인관계 기술이 훌륭하든 그렇지 않든 그 사람을 믿으며 그들과 함께 성공적으로 일한다.

대부분의 사람들은 매년 연초에 비록 작심삼일에 그칠지라도 한 해 계획을 수립하곤 한다. 나는 매년 올해의 계획을 수립할 때 항상 맨 첫머리에 '인격 수양'이라고 써 넣는다. 그렇게 함에도 불구하고 1년이 지나놓고 보면 늘 부족했음을 실감한다. 올해 잘 못했기에 내년엔 잘해야겠다고 생각해서 다음 해 계획을 수립할 때 또 인격 수양을 맨 먼저 적어놓곤 한다. 앞으로도 그럴 것이다. 내가 잘 못하기 때문이기도 하지만, 인격 수양에는 끝이 없는 까닭이다.

인격은 딱 한마디로 정의할 수는 없다. 다만 늘 정직하게 생활하고, 책임감과 도덕성으로 무장하고, 겉과 속이 다르지 않고, 나의 이익보다 남의 이익을 먼저 생각하고, 단기적 이익보다는 장기적 가치를 중시하고, 늘 겸손하고, 다른 사람을 존중할 줄 아는 사람을 우리는 인격을 갖춘 사람이라고 한다.

인격, 성품, 인성, 인품은 엄격히 보면 각각 다르게 정의할 수 있지만 유사한 개념으로 혼용해서 써도 큰 문제는 없을 것이다. 기본적으로 인격과 인성은 타고나는 경향이 많다. 그리고 부모를 포함한 가족 관계, 생활 환경의 영향을 많이 받게 마련이다. 그러나 결국 인격도 내가 하기에 따라서 충분히 개발이 가능하다. 일단 그 중요성을 알고, 그 방법을 익힌 다음 꾸준하게 노력하면 자신도 모르게 몸에 배일 것이다. 인격 수양을 위해서는 나의 이익이 아닌 공동체 이익의 우선, 이타주의적 사고로 무장, 단기적 시각이 아닌 장기적 시각을 갖추기, 물질적인 것보다 정신적 가치의 추구 등을 실천할 필요가 있다.

또한 인격 수양을 위해서는 빨리 가는 것이 아니라, 멀리 가는 것이 중요하다는 것을 잘 알아야 한다. 일찍 성공하면 자만하게 되고, 세상살이의 어려움을 알기 전에 자만부터 배우게 된다. 그래서 만용을 부리다 실패하기 마련이다. 인생은 좀 더 멀리 보고 갈 일이다. 진정한 승자는 관 뚜껑을 닫기 직전에야 결정된다. 이와 함께 사색, 독서, 실패와 고난, 역경, 경험, 여행, 사람과의 부대낌 등이 인격을 숙성시키는 훌륭한 소재가 될 수 있다.

인격 요소 중에 중요한 몇 가지만 더 자세히 살펴보자.

첫째, 정직성, 책임감, 도덕성, 성실성에 관한 것이다.

"21세기 기업가나 정치가는 성직자에 준하는 고도의 도덕성을 가진 사람이 아니면 안 되며, 경영자의 도덕성이 기업의 성패를 좌우한다."

예일대학교 교수 폴 케네디Paul Kennedy가 쓴 『강대국의 흥망』에 나오는 이야기다.

『리더십 챌린지』라는 책을 쓴 제임스 M. 쿠제스James M. Kouzes에 따르면, 조직 구성원 중 88퍼센트의 사람들(2만 명 중 1만 7,600명)이 리더에게 가장 필요한 자질로 '정직성'을 선택했다. 특히 밀레니얼 세대, Z세대는 정직성, 정의, 공정성을 중요하게 여긴다.

비단 국가나 기업 같은 조직의 리더를 넘어 이제는 점점 더 모든 사람의 정직성에 대한 요구가 점점 커지고 있다. 앞으로는 정직성, 성실성, 그리고 잘못된 일에 대한 책임감, 어려운 일에 발 벗고 나서는 솔선수범 같은 속성이 사람의 성품을 평가하는데 중요한 척도로 등장할 것이다.

영어로 '정직성'을 뜻하는 integrity 또한 매우 중요한 속성이다. 이는 '성실'로 번역되기도 한다. integrity는 한마디로 자기 자신을 속이지 않는 것을 말한다. 동양 고전에 나오는 '홀로 있을 때에도 도리에 어긋나지 않도록 말과 행동을 삼간다'는 의미의 '신독愼獨'이라는 개념과 유사하다. 남에게 약속한 것은 아무래도 남의 눈을 의식해야 하기 때문에 지키기가 더 쉽다. 그러나 아무도 보지 않는 곳에서 아무도 모르는 상태라면 나하고 한 약속을 지키기란 결코 쉽지 않다. 남과 약속했기에, 남이 보기에 어쩔 수 없이 지키는 것이 아니라, 아무도 보지 않는 상태에서 나만이 아는, 나와의 약속을 지켜낼 수 있는 수준까지 정직성을 끌어올릴 필요가 있다.

모름지기 '대인춘풍 지기추상待人春風 持己秋霜'이라는 말을 기억하자. 남을 대할 때는 봄바람처럼, 자신을 대할 때는 가을 서리처럼 하자는 뜻이다.

우리는 할 수 있는 한 인격을 갈고닦아야 한다. 맹자는 이렇게 말했다.

"사람을 사랑하되 그가 나를 사랑하지 않거든 나의 사랑에 부족함이 없는가를 살펴보라. 행하여 얻음이 없으면 모든 것에 나 자신을 반성하라."

훌륭한 인격을 갖춘 사람은 책임질 때는 자기 몫 이상을 지

그동안 아들에게 주야장천 강조했던 '공부 잘하는 나만의 방법 만들기'의 중요성에 대해서 다시 한번 말했다. 전과 똑같은 이야기였지만 아들이 수용하는 태도를 보이니 대화가 너무 쉽게 술술 풀렸다.

조금 더 나아가 학교에서 좋은 평가와 점수를 받는 방법에 대해서도 대화를 나누었다. 이제 곧 얼마 안 있으면 졸업할 고등학교의 성적이 대학 입시에 큰 영향을 미치니 말이다.

그러나 정작 내가 가장 이야기하고 싶었고 아들에게 듣고 싶었던 것은 따로 있었다. 바로 공부하는 즐거움, 대학을 들어가고 혹은 대학을 졸업하고 나서도 즐겨 해야 할 평생 학습에 대한 것이었다. 나는 아들에게 자신이 다 안다고 생각하는 고착 마인드세트Fixed Mindset 대신 성장 마인드세트Growth Mindset를 확실하게 심어주고 싶었다.

그리고 왜 독서를 계속해야 하는지 스스로 답을 찾게 하고 싶었다. 아들은 자신이 과거엔 책 읽는 것을 좋아했는데 어느 순간 거의 읽지 않게 되었다고 말했다. 또한 대학까지 얼마 남지 않아서 지금은 책을 많이 읽을 수 없지만, 대학에 입학하고 나면 좋은 책을 많이 읽고 싶다고 했다. 아빠가 집에서 늘 책을 읽고 있는 모습이 보기 좋다는 아부성 발언도 했다.

고, 공을 세웠을 때는 자기 몫 이상을 다른 사람에게 돌린다. 정직함은 진실을 사랑하는 마음에서 나온다. 정직함은 최고의 처세술이다. 정직만큼 풍요로운 재산은 없다. 정직은 사회생활에 있어서 지켜야 할 최소한의 도덕률이다.

하늘은 정직한 사람을 도울 수밖에 없다. 정직한 사람은 신이 만든 것 중 최상의 작품이기 때문이다.

둘째, 이타성, 자리이타에 대한 것이다.

불교에서 이야기하는 보살행 중 '자리이타自利利他'란 것이 있다. 그 뜻인즉, '남을 먼저 이롭게 함으로써 나를 이롭게 한다'는 것이다. 인간관계에서도 이 법칙은 그대로 적용된다. 남에게 베푸는 것은 인간이 할 수 있는 가장 고귀한 행위면서 나에게 득이 되는 최고의 길이다. 자리이타 정신은 인간관계에서 그야말로 진리에 가깝다. 소위 이기적 이타주의라 할 수 있다.

인맥을 잘 형성하기 위해서는 아무런 대가를 바라지 않고 그저 상대방이 잘될 수 있도록 먼저 도와주는 것이 상책이다. 남의 입장에서 생각하고 남에게 양보할 수 있는 사람이 바로 인자仁者다. 사람에게 하는 투자는 가장 고급의 투자가 된다. 남을 돕는다는 것은 길게 보아 결과적으로는 가장 현명하게 자기를 돕는 일이다. 작은 손해들이 합쳐지면 큰 이익이 된다. 남들과의 관계에서는 조금씩 양보하는 것이 손해 보는 패자의 원리가 아니라, 수준 높은 승자의 길이다. 눈앞의 이익을 추구하면 인심도 잃고 신용도 잃어서 일생을 그르치게 된다. 반대로 내가 남을 도우면 남도 나를 돕는다.

비즈니스에는 51 대 49의 법칙이 있다. 이익을 분배할 때는 내가 49를 갖고 상대방에게 51을 주면 나는 비록 1을 양보하지만 상대방은 2를 받았다고 생각한다. 조금만 양보하면 상대방은 내가 준 것보다 많이 받았다고 여긴다. 인맥을 맺을 때 기억해야 할 가장 중요한 법칙이다. 삼보컴퓨터 창업회장 이용태도 "일을 할 때는 남보다 5퍼센트 더 하고, 성과를 나눌 때는 남보다 5퍼센트 덜 가져라"고 했다. 『맹자』에 나오는 '인자무적仁者無敵', 즉 '어진 사람에 대적해서 이길 수 있는 사람이 없다'는 교훈과 맥을 같이하는 말이다. 다른 사람들과의 관계에서는 작은 손해들이 덕德으로 쌓여 결국 큰 이익으로 돌아온다.

지인 중에 지란지교소프트 오치영 대표가 있다. 그는 비즈니스 딜을 할 때 항상 상대방에게 60을 주고 본인은 40을 가져간다고 한다. 그 정도 확실하게 양보해야 비로소 상대방이 대개 자신을 '공평한 사람'이라고 평가한다고 한다. 이를 계기로 상대방과 신뢰의 협력 관계를 구축할 수 있다. 상호 윈윈이 되는 것이다. 나도 성공하고 상대도 성공하는 윈윈에 대해서 이야기하는 사람은 많다. 그러나 윈윈 관계는 결코 50 대 50에서는 생겨날 수가 없다. 내가 먼저 10을 내주어서 상대가 60 대 40으로 20을 더 가져갈 수 있을 때 비로소 윈윈 관계가 성립된다. 비즈니스뿐만 아니라 매사에 내가 더 많이 양보할수록 결국엔 전체 파이가 커져서 나도 더 많이 얻게 되는 것이 살아 있는 진리다.

지금까지 서술한 내용과 관련 있는 명언과 에피소드, 책에서 읽는 구절들을 소개할까 한다. 한층 더 피부에 와 닿을 것이다.

성공하고 싶다면 봉사하라. 그것이야말로 우리 인생에 있어 불변의 법칙이다. 위대한 봉사자, 베푸는 자가 되어라. 그것이 바로 당신을 성공으로 이끄는 왕도다.

— 헨리 밀러Henry Miller, 소설가

준다는 것은 부자임을 의미한다. 갖고 있는 자가 부자가 아니다. 많이 주는 자가 부자다. 하니리도 잃어버릴까 안달하는 사람은 심리학적으로 말하면 아무리 많이 갖고 있더라도 가난한 사람, 가난해진 사람이다. 자기 자신을 줄 수 있는 사람은 누구든지 부자다.

— 에리히 프롬Erich Fromm, 정신분석학자

주고자 하는 사람은 받을 것이요, 얻고자 하는 사람은 얻지
못할 것이다.

— 존 템플턴John Templeton, 금융인

선하면 가난해진다는 생각은 위험한 착각이다. 진정한 부자
는 다른 사람들보다 더 많이 베푸는 사람이며, 바로 그 때문
에 그는 다른 사람들보다 더 많이 받는 것이다.

— 마크 피셔Mark Fisher, 작가

운이라는 게 내가 베푼 만큼 돌아왔다. 결국 돈을 잘 쓸 줄
아는 사람이 돈을 잘 번다. 무릇 인자仁者는 자신이 출세하
고 싶으면 남을 먼저 출세하게 하고, 자신이 어떤 목표에 도
달하려 한다면 남을 먼저 도달하게 한다.

— 『논어』「용야」편

내가 여러분에게 줄 수 있는 교훈이 하나 있다면 바로 이것
이다. 무언가가 부족하거나 필요하다고 느낄 때마다 먼저
원하는 것을 주어라. 그러면 그것이 푸짐하게 돌아올 것이
다. 이것은 돈과 미소, 사랑, 그리고 우정에 대해서도 같다.

— 로버트 기요사키Robert Kiyosaki의 『부자 아빠 가난한 아빠』 중에서

많은 사람들이 성공의 척도를 얼마나 돈을 벌었느냐에 둡니
다. 그러나 나는 얼마나 많은 사람들을 백만장자로 만들었
느냐가 성공의 척도로 생각합니다. 내가 여기 있는 이유는
여러분의 업무를 돕기 위해서입니다. 나는 여러분이 성공할
수 있도록 싸우고 방어하며, 모든 간섭을 배제할 것입니다.
왜냐하면 여러분이 성공해야 내가 성공하기 때문입니다.

— 레이 크록Ray Kroc, 1960~1970년대 맥도날드 최고경영자

셋째, 사람에 대한 존중, 겸손, 배려에 관한 것이다.

기본적으로 훌륭한 인격을 갖추었다는 것은 다른 사람들의
인격을 존중할 줄 아는 기본 소양을 갖추었음을 의미한다. 타인
에 대한 존중과 배려는 기본 중에 기본이다. 내가 중요한 만큼
다른 사람도 중요하다는 것을 충분히 인식하고, 말과 행동으로
이를 실천할 수 있어야 한다.

비자카드의 설립자 디 혹Dee Hock은 이런 말을 남겼다.

"다른 사람들이 당신에게 했던 일 중에서 싫어했던 일을 생
각해보고 그걸 남에게 되풀이하지 않도록 주의하라. 대신 기분
이 좋았던 일을 기억했다가 다른 사람들에게 실천하라."

인격의 구성 요소 중에 결코 빼놓을 수 없는 것이 바로 겸손
이다. 흔히 겸손한 사람을 꿈이 작거나 소심하다고 생각할 수 있

다. 그러나 정반대다. 겸손한 사람이야말로 진짜 꿈이 큰 사람이다. 성공한 사람들, 그리고 꿈이 큰 사람들일수록 주위 사람들에게 위세를 떨치지 않고 늘 겸손하게 대한다.

겸손함은 그 사람의 꿈의 크기다. 교만은 인간관계의 뺄셈 법칙이고 겸손은 인간관계의 덧셈 법칙이다. 재능이 칼이라면, 겸손은 그 재능을 보호하는 칼집이다. 뛰어난 재능은 인물을 돋보이게 하지만 적을 만들기도 한다. 겸손은 남이 시기해 진로를 방해하지 않도록 미리 지뢰를 제거해주는 효과가 있다. 겸손이 사라지는 순간, 재능은 묻혀 있는 지뢰를 폭발시켜버린다.

이타주의를 온몸으로 실천한 영화배우 오드리 헵번

「로마의 휴일」이라는 영화로 일약 전 세계 남성들의 로망이 된 오드리 헵번Audrey Hepburn은 은퇴 뒤에 또 다른 인생을 살았다. 많은 봉사와 희생을 베풀며 산 것이다. 아프리카의 불쌍한 어린이들을 돌보는 그녀를 보며 사람들은 진정한 아름다움을 느꼈다. 그래서 사람들은 그녀의 아름다운 외모뿐 아니라 아름다운 마음씨까지 사랑했다.

헵번은 유명세나 용모의 아름다움으로 인해 얻은 개인적인 가치는 금방 사라진다는 점을 아주 일찍 깨달았다. 그렇기 때문에 그녀는 자신만의 방식으로 스스로를 영원히 기억되도록 했고, 불의를 보면 항상 맞섰으며, 자신이 절감하고 있는 화제들이 주목을 끌도록 자신의 모든 에너지를 쏟아부었다.

특히 그녀는 자신의 가장 큰 관심사였던 아동의 복지 문제에 대해서 사람들의 이목을 집중시키고 정성을 다했다. 기아에 허덕이는 세계 오지의 어린이들 구호에 앞장서 1988년부터는 유니세프 친선대사로 에티오피아, 수단, 베트남 등 제3세계 국가를 방문해 구호 활동에 적극적으로 참여했으며, 암 투병 중이던 1992년 9월에도 기아와 질병에 허덕이던 소말리아를 방문해서는 전 세계에 관심을 호소해 그녀를 기억하고 있는 많은 사람들에게 깊은 감동을 안겨주었다.

손안에 들어온 것만을 사랑하는 것이 아니라 사랑을 필요로 하는 사람들까지 사랑으로 끌어안는 삶, 그것이 헵번이 실천한 아가페의 사랑이었다. 그런 의미에서 그녀는 세계적인 영화배우이자 봉사자로, 그리고 진정 내면이 아름다운 사람으로 우리에게 영원히 기억될 것이다.

헵번이 가장 좋아했던 시를 소개한다. 시인 샘 레벤슨Sam Levenson의 작품으로, 헵번이 숨을 거두기 1년 전 크리스마스이브에 자식들에게 들려주기도 했다.

시간이 일러주는 아름다움의 비결

아름다운 입술을 가지고 싶으면 친절한 말을 하라.

사랑스러운 눈을 갖고 싶으면 사람들에게서 좋은 점을 봐라.

날씬한 몸매를 갖고 싶으면 너의 음식을 배고픈 사람과 나누어라.

아름다운 자세를 갖고 싶으면

결코 너 혼자 걷고 있지 않음을 명심하라.

부드러운 머리카락을 갖고 싶으면 하루에 한 번

어린이가 손가락으로 너의 머리를 쓰다듬게 하라.

사람들은 상처로부터 복구돼야 하며,

낡은 것으로부터 새로워져야 하고,

병으로부터 회복되어져야 하고,

무지함으로부터 교화되어야 하며,

고통으로부터 구원받고 또 구원받아야 한다.

결코 누구도 버려서는 안 된다.

기억하라.

만약 도움의 손이 필요하다면

너의 팔 끝에 있는 손을 이용하면 된다.

네가 더 나이가 들면 손이 두 개라는 걸 발견하게 된다.

한 손은 너 자신을 돕는 손이고, 다른 한 손은 다른 사람을 돕는 손이다.

휴먼 스킬을 갈고닦자

사람과의 관계를 잘하기 위한 기본 전제는 당연히 본인이 훌륭한 인격과 성품을 갖추는 것이다. 그러나 훌륭한 인격을 갖추는 것만으로 좋은 인간관계의 필요충분조건이 다 갖춰지는 것은 아니다. 인격은 좋은 인간관계를 위한 필요조건이지 결코 충분조건이 될 수 없다.

혹자는 "나는 원래 내성적이라 칭찬을 잘 못한다", "당신, 내 맘 다 잘 알잖아"라고 한다. 성격상 표현을 안 해서 그렇지 상대방을 인정하고 좋아한다는 의미일 것이다. 그러나 결코 착각해서는 안 된다. 여러분이 말 안 하면 다른 사람들은 당연히 모른다. 제대로 표현하지 않으면 알지 못할 뿐만 아니라. 오해를 불러일으키게 된다.

내 성격이 내성적이라 하더라도 칭찬의 기술은 배워서 적극적으로 해줄 필요가 있다. 인간관계는 곧 기술skill이다. 스킬은 노력하는 만큼 실력이 쌓인다. 인간관계 기술의 중요성을 인식하고 이를 갈고닦기 위해 노력하면 나도 모르게 어느새 인간관계의 달인이 될 수 있다. 지식과 실력을 키우기 위해서는 많은 시간 노력하면서 그것보다 훨씬 더 중요한 성공 요인이라 할 수 있는 인간관계 기술을 배양하기 위한 노력을 게을리하는 것은 이치에 맞지 않다.

인간관계를 잘하기 위해서는 인간관계의 황금률에 주목할 필요가 있다. 바로 '남에게 대접받고 싶은 대로 남을 대하라'는 것이다. 놀랍게도 기독교, 불교, 유교, 힌두교 등 모든 정통 종교에서 다 인간관계의 황금률을 강조한다.

- **기독교**: 남에게 대접을 받고자 하는 대로 너희도 남을 대접하라. ― 누가복음 6장 31절
- **불교**: 내게 해로운 것으로 남에게 상처 주지 말라. ―『우다나』
- **유교**: 내가 원치 않는 것은 남에게도 행하지 말라. ―『논어』
- **힌두교**: 이것이 의무의 전부이니, 내게 고통스러운 것을 남에게 강요하지 말라. ―『마하바라타』
- **이슬람교**: 나를 위하는 만큼 남을 위하지 않는 자는 신앙인이 아니다. ―『코란』

인간관계를 좋게 하기 위한 기술로는 인정과 칭찬, 격려, 경청 등을 들 수 있다. 그중에서도 가장 중요한 것이 바로 인정이다. 모든 사람들은 인정 욕구에 대한 강한 갈증을 느끼고 있다. 인정 욕구만 잘 충족시켜주어도 인간관계에 윤활유를 칠한 격이 된다. 반면에 주변 사람들의 인정 욕구를 제대로 인식하지 못하

거나 이를 잘 충족시켜주지 않으면 결코 좋은 인간관계를 가져갈 수 없다.

『인간관계의 기술』 저자 레스 기블린Les Giblin의 말이다.

"사람은 누구나 이기적이다. 사람은 누구나 다른 사람보다는 자기 자신에게 더 관심이 많다. 사람은 누구나 다른 사람들로부터 존경과 인정을 받고 싶어 한다. 좋은 인간관계를 유지하고 싶다면 이 3가지 사실을 확실히 기억하라."

갤럽 회장이었던 도널드 클리프턴Donald Clifton은 한 설문 조사 결과를 소개했다. 미국인의 65퍼센트가 지난 1년간 뛰어난 업무 성과를 올리고도 칭찬이나 인정을 받은 적이 한 번도 없다고 대답했다. 또한 지나치게 인정받아서 고민이 된다는 사람은 한 명도 만나지 못했다.

인정 못지않게 중요한 게 칭찬이다. 누구나 살아가다 보면 최고의 순간을 맞이한다. 그 순간은 바로 누군가에게 격려를 받을 때다. 아무리 위대하고, 유명하고, 성공했다 할지라도 누구나 찬사에 굶주려 있다. 격려는 영혼에 주는 산소와 같다. 어느 누구도 칭찬 없이 살아갈 수 없다. 칭찬은 고래도 춤추게 한다. 어떤 일의 결과가 좋았을 때, 스스로에게 공을 돌리지 말고 다른 사람을 칭찬하라. 그러면 사람들은 자신의 능력을 특별하다고 느끼게 되고 더 열심히 일하게 된다.

앤드류 카네기의 말이다.

"내게는 사람들로부터 열정을 불러일으키는 능력이 있는 것 같습니다. 그것은 내가 소유하고 있는 것 중 가장 중요한 재산입니다. 사람들에게 그들 최고의 가능성을 계발하게 하는 방법은 격려와 칭찬입니다. 상사로부터 꾸지람을 듣는 것만큼 인간의 향상심을 해치는 것은 없습니다. 나는 결코 누구도 비판하지 않습니다. 대신 사람들에게 일을 하도록 동기를 부여해야 한다고 믿고 있어서, 될 수 있으면 칭찬하려고 노력하고 결점을 들추어내는 것을 싫어합니다. 그 사람이 한 일이 마음에 들면 진심으로 찬사를 보내고 아낌없이 칭찬합니다."

이는 카네기가 성공한 중요한 이유 중 하나다.

경청하는 습관도 좋은 인간관계를 위한 필수 역량이다. 남아프리카공화국 최초의 흑인 대통령 넬슨 만델라Nelson Mandela는 경청을 잘했던 것으로 유명하다.

"나는 남아프리카공화국의 리더로서 이 나라를 전설적일 만큼 훌륭한 곳으로 만들기 위하여 가장 기본적인 원칙을 언제나 지켜왔다. 나는 어떤 회의, 토론의 장에서건 내 의견을 말하기 전에 참석한 사람들이 각자 무엇을 말하려는지 경청하기 위하여 노력했다. 그런 과정에서 나는 많은 경우, 내 자신의 의견이 단지 경청했던 토론의 합일점을 대변하는 정도에 지나지 않는다는 것을 깨달았다."

이청득심以聽得心이라는 사자성어가 있다. 들어줌으로써 타인의 마음을 얻는다는 뜻이다. 다른 사람의 말을 경청하는 것은 그 사람을 존중하고 있다는 증거다. 어떤 사람의 의견을 경청하고 아이디어를 받아들인다면 그는 그 일의 주인이 되어 몰입해서 일할 것이다. 경청의 힘은 가히 크다고 할 수 있다.

감사와 친절도 매우 중요하다. 웃는 낯으로 먼저 인사하는 것도 매우 중요하다. 프로 야구 한화이글스 전 감독 김성근은 "인사하지 않는다는 것은 상대에 대한 존중이 없다는 것이고, 존중이 없다는 것은 겸손이 없고, 겸손이 없으면 오만하다는 뜻이다. 오만은 자신의 실력을 제대로 모르고 있다는 것이다. 이런 선수들로는 승부 세계에서 살아남을 수 없다. 그래서 나는 인사를 제일 먼저 가르친다"며 인사의 중요성을 강조했다.

'고맙습니다', '미안합니다'라는 말을 잘하는 것, 항상 남에게 친절하게 대하는 것 역시 대단히 중요하다. 미국 긴설턴트 켄 블랜차드Ken Blanchard는 "나의 어머니는 세상을 바꿀 수 있는 큰 힘이 있는데도 사람들이 좀처럼 쓰지 않는 두 가지 말에 대해 이야기해주셨다. 그것은 바로 '고맙습니다'와 '미안합니다'라는 말이다"라고 회고했다.

‘웨이터 룰waiter rule’이라는 것이 있다. 실리콘밸리에서 투자 결정을 할 때 일부러 투자를 받는 측의 사장을 식당에 데려가서 은근히 매너를 살펴보는 경우가 있다. 만약 웨이터에게 무례하게 군다면 투자를 하지 않는다. 고용주라면 직원을, 스승이라면 제자를, 장교는 부하를, 즉 자기보다 약한 사람을 어떻게 대하는지가 바로 인성을 의미하고, 아랫사람들에게 더 친절하게 대하는 사람들이 더 성공 가능성이 높기에 투자하는 것이다.

실제로 컬럼비아대학교 MBA 과정에서 우수 기업의 최고경영자들을 대상으로 ‘성공하는 데 가장 큰 영향을 준 요인’을 조사한 적이 있다. 그 결과, 놀랍게도 93퍼센트가 능력, 기회, 운 등이 아닌 매너를 꼽았다.

나는 많은 단점을 가지고 있지만 그중에서도 친구들과 잘 지내지 못하는 것이 가장 문제다. 물론 나에게 잘못된 점이 많다는 것을 잘 알고 있다. 친구들에게 먼저 잘 다가가지 못하고, 가끔은 친구들에게 위협을 느끼곤 한다. 나는 겁이 많은 편이다. 내가 자주 화를 내는 것도 사실은 위협을 미리 방지하고 싶은 생각에서 그런 걸지 모른다. 그런데 화를 잘 참지 못했다가 시간이 지나서야 후회를 하는 경우가 많다.

그리고 누군가 한번 싫어지면 그 사람을 다시는 좋게 생각하지 못하는 나쁜 버릇도 나에게 있는 듯하다. 특히 학교 선생님에게 그랬었다. 선생님 자체가 나쁜 분이 아닌데 일단 나쁘게 생각하면, 선생님도 쉽게 눈치채실 수 있을 정도로 무례하게 굴었던 것 같다. 어떤 선생님은 내가 생각만 해도 화가 났었다. 그래서 그 선생님 과목을 열심히 하지 않았는데, 이를 눈치챈 선생님이 나를 좋지 않게 보셔서 낮은 성적을 받는 악순환이 있었다.

아빠가 이야기한 감정 계좌가 나빠지게 내가 좋지 않게 행동을 한 일이 많았다. 모든 것은 남 탓이 아닌 내 탓으로 돌리는 것이 인간관계에서도 통할 것 같다. 아빠 말대로 남을 고칠 수는 없지만 나를 고쳐나갈 수는 있지 않을까? 내가 좋은 사람으로 바뀌면 남들도 나를 좋게 보지 않을까? 그런 게 계속 쌓이면 나와 그 사람과의 감정 계좌가 좋아지지 않을까?

가만히 생각해보니 내가 남들 앞에서 이야기를 할 때 눈치 없이 군 적이 있었다. 당시에는 전혀 모르다가 나중에 생각해보면 후회될 때가 많다. 아빠는 남을 너무 의식해서도 안 되지만, 내가 무슨 말을 할 때 남들이 어떻게 생각할지 역지사지하면서 이야기하면 좋겠다고 조언해주셨다. 학교에 등교하게 되면 아빠하고 이야기한 것을 생활에서 적용해봐야겠다.

오늘 아빠랑 인간관계에 대해 여러 가지 이야기를 하면서 많은 것을 깨달았다. 그리고 내가 먼저 변하면 잘할 수도 있겠다는 자신감도 조금 생겼다. 아빠 이야기대로 인간관계도 결국은 스킬이다. 연습하면 못 할 것이 없다. 나도 이제 친구들과 잘 지내고 싶다. 내가 크게 성공하기 위해서도 다른 사람들과 잘 지내야겠지만, 좋은 친구들과 잘 지내는 것 그 자체가 좋은 거 같다.

그리고 아빠가 늘 강조하시는 것처럼 칭찬과 감사를 생활화해야겠다.

"칭찬이 되게 중요한 것 같아. 나는 항상 얘기할 때 상대방을 띄워주는 말 대신에 비교해서 나 자신을 낮추는 식으로 말을 해. 하지만 이러면 상대방이랑 나 둘 다 기분 나쁘지. 중요한 건 자기비하 대신에 상대를 칭찬하는 거야."

오늘 아빠에게 했던 말 중 하나다.

내가 칭찬을 들으면 기분이 좋은 것처럼 당연히 남들도 칭찬과 인정을 좋아할 것이다. 아빠 회사에서 만든 성장을 돕는 앱 그로우도 더 많이 쓰는 게 좋겠다.

"잘 듣는 것도 연습해야겠어. 사람들이 얘기할 때 종종 딴생각을 하는 경우가 있는데, 이럴 때마다 나는 성장할 기회를 놓치는 거야."

경청에 대해 아빠와 대화 나눌 때 이렇게 말씀드렸다.

남이 나에게 잘 해주길 기다리기 전에 내가 먼저 다가가서 잘 해주는 것이 좋을 것 같다. 내가 성공하는 것은 다른 사람들을 위해 뭔가를 많이 해줄 때 가능하다. '프로그램을 얼마나 잘 짤까'보다 '다른 사람들을 위해서 무엇을 만들까', '어떻게 하면 사람들이 더 좋아질까' 하는 생각을 먼저 해야겠다.

아빠가 항상 입에 담고 다니는 자리이타, 즉 남을 먼저 이롭게 하는 것이 인간관계를 잘 하는 가장 중요한 방법인 듯하다. 내가 잘하는 것은 내가 집중해서 하고, 내가 잘 못하는 것은 잘하는 사람들과 협력하면 좋겠다는 생각도 아빠랑 대화를 통해서 하게 되었다.

지금까지 나의 가장 큰 약점이 인간관계라고 생각했는데 이제는 잘할 수 있을 듯한 느낌이 든다. 어쩐지 기분이 좋다. 아빠가 강조한 대로 내가 늘 먼저 손해 본다는 생각으로 다른 사람에게 잘 해줘야겠다.

아빠가 끊임없이 강조하는 성실성, 정직성, 윤리 이 부분은 나는 자신 있다. 오히려 그렇지 못한 사람들을 발견하면 나는 정의감에 화가 많이 난다. 자기 자신과의 약속을 지키는 것, 남들이 보지 않아도 정직하게 살아가는 것이 정상이 아닐까?

오늘 대화하고 듣고 생각한 대로 꾸준하게 실천할 수만 있다면 인간관계가 나의 가장 큰 약점인 아킬레스건이 아니라 오히려 나의 가장 큰 강점으로 바꿀 수 있지 않을까? 행복한 상상을 해본다.

근데 인간관계를 좋게 만들기 위해서는 당장 무엇부터 해야 할까? 오늘 정말 다양한 것을 새로 알게 되었는데 말이다. 이 점에 대해서 고민을 좀 더 해볼 생각이다.

#실천

#모험

#도전

#좋은 습관

#습관 구조조정 워크숍

#루틴 만들기

Question 7.

이루고 싶은 그 일,
작게 쪼개서 매일 하면 어떨까?

아들과의 대화 프로젝트는 생각보다 쉬웠다. 이제 가장 중요한 실천이 남았다.

아들이 그동안 대화를 나누며 배운 대로 지금 당장 다 실천하리라고는 생각지 않는다. 아마도 아들은 수없이 게으름을 피우고 미루고 망설이며 자기와의 싸움을 벌일 것이다.

아들과 배가 만들어진 이유에 대해서 이야기를 했다. 배는 항구에 정박해 있으면 안전하다. 하지만 배가 만들어진 이유는 분명코 항구에 매어 있기 위해서가 아니다. 사람이 태어난 이유도 마찬가지다. 어차피 한 번 사는 인생, 거친 풍파를 헤치고 큰 대양을 항해해 나가는 모험을 해보는 게 어떨까?

우리 부자는 나중에 시간을 내서 온 가족과 함께 '행복한 성공을 위한 습관 구조조정 워크숍'을 열어보자고 약속했다. 행복한 성공을 위해 필요한 습관은 무엇인지, 버려야 할 습관은 무엇인지, 더 키워야 할 것은 무엇인지를 그려보는 의미 있는 시간이 될 것이다. 10여 년 전에 온 가족이 여행을 떠나 비전 워크숍을 진행했듯 말이다.

이제 아들과 함께한 7주간의 긴 여정이 끝났다. 그 과정에서 하루하루 아들이 변해가는 모습을 보면서 아빠로서 너무나 대견스러웠다. 중간중간에 눈시울이 뜨거웠던 적이 많았다.

나는 늘 자녀 교육의 궁극적인 목표는 자녀 혼자 힘으로 험난한 세상을 살아갈 수 있도록, 즉 자립할 수 있도록 도와주는 것이라고 생각해왔다. 이제 아들이 인생이라는 고해 가득한 바다를 향해 대항해를 떠나도록 놓아주어도 될 것 같다. 험난한 세상으로 나가면 거친 풍파를 겪으며 많은 어려움에 처할 테지만. 안타깝게도 실패도 수없이 할 것이다. 냉정하게 들릴 수 있으나, 아들을 위해서는 실패는 겪을수록 좋을지도 모른다.

나는 행복한 성공을 성취하는 방법에 대해 일방적인 가르침과 훈계를 할 수도 있었다. 그러나 경험상 결코 좋지 않은 결과를 가져올 것을 알았기에 다소 힘든 길로 돌아왔다. 처음에는 이렇게 아들과 깊은 대화를 나누는 것이 어색했다. 하지만 긴 시간에 걸친 대화를 통해 우리 부자는 더욱 친밀해졌다. 그리고 인생을 잘 살아내는 방법들에 대해 공감대를 형성했다는 점이 너무 기쁘다.

아들이 아빠를 이해하고 어느 정도 존경하는 자세를 갖추게 된 것 또한 큰 소득이다. 게다가 내가 아들을 더 이해하고 대견스럽게 생각하게 된 점, 아들이 올바른 길로 들어서고 있음을 확인한 이상 더 이상 서두르지 않고 스스로 성장해나갈 수 있도록 관조적 입장을 취할 수 있게 된 점도 기대하지 못했던 소득이다. 무엇보다도 앞으로는 언제든 아들과 진솔한 대화를 나눌 수 있는, 상호 간의 믿음과 친밀함을 쌓게 되었다는 점에 의미를 두고 싶다. 이와 더불어 자녀 교육 시, 직접적 훈계나 일방적 가르침을 주기보다는 질문을 통해 아이가 스스로 답을 찾고 그 결정의 주인이 되게 하는 것이 더욱 효과적이라는 중요한 교훈을 얻었다.

행복한 시간이었다. 아들과 함께한 7주간의 여정은 평생 잊지 못할 아름다운 추억이 될 것이다. 대학 입시를 준비하는 바쁜 와중에도 시간을 내서 열심히 토론하고 글을 써준 사랑하는 아들에게 진심으로 감사하다.

　이 자리를 빌어서 멀리 뉴욕에서 묵묵히 자녀 교육에 몰입하고 있는 사랑하는 아내 김수정에게도 심심한 감사의 뜻을 전한다. 그리고 엄마 아빠가 많이 도와주지도 못했는데도 혼자 힘으로 명문대에 당당하게 합격하고 씩씩하게 미래를 개척해나가고 있는 사랑하는 딸 예린에게도 감사한다.

풍파가 이는 바다로 향하는 배처럼

실행하라.

행동이 없으면 제아무리 좋은 계획이라도 허사가 된다.

좋은 생각이 떠오르거든 바로 실행하라.

꿈을 가졌거든 실행하라.

목표가 세워졌거든 행동으로 옮겨라.

꼭 해보고 싶은 것이 있거든 행동으로 옮겨라.

생각하는 것을 실행에 옮기다 보면 실패도 있을 것이다.

많이 실패해보아야 더 큰 실패를 방지할 수 있다.

실패가 두려워 아무 일도 못 하면 더 이상 발전은 없다.

실패를 즐길 수 있어야 한다.

복지부동은 실패에 대한 두려움의 소산이다.

행동을 시작하라.

그것도 내일이면 늦다.

아무리 목표가 좋고 전략이 좋아도 실행하지 않으면 아무런 결과를 얻을 수 없다. 사지 않는 로또는 결코 당첨될 수 없다. 실패할까 두려워 아무것도 실행에 옮기지 못하면 그저 그런 인생을 살아갈 수밖에 없다. 모든 성공한 사람들을 묶어주는 공통점은 결정과 실행 사이의 간격을 아주 좁게 유지하는 능력이다. 미룬 일은 포기해버린 일이나 마찬가지다.

실행이 전부다. 아이디어는 과제 극복의 5퍼센트에 불과하다. 아이디어의 좋고 나쁨은 어떻게 실행하느냐에 따라 결정된다고 해도 과언이 아니다. 잘못된 전략이라도 제대로 실행민 하면 반드시 성공할 수 있다. 반대로 뛰어난 전략이라도 제대로 실행하지 못하면 반드시 실패한다.

어차피 한 번뿐인 인생, 멋지게 항해하자. 배는 항구에 있으면 가장 안전하다. 그러나 배가 만들어진 목적은 안전이 아니다. 배는 항해를 위해서 만들어졌다. 항해를 하다 보면 풍파를 만나기 마련이다. 인생도 이와 마찬가지다. 그러나 인생의 목적은 안전이 아니다.

많은 젊은이들이 안전을 희구하는 경향이 있다. 안전하다는 이유로 공무원 시험 준비를 하는 대학생이 수십만 명에 이른다. 물론 공무원 자체는 좋은 직업이다. 공무원은 영어로 civil servant다. 즉 공공을 위해 봉사하는 직업이 바로 공무원이다. 공공을 위한 봉사가 본인의 소질과 적성에 맞아서, 공공 봉사를 평생의 직업으로 삼는 것은 매우 바람직하다. 하지만 평생 안전하게 살기 위해 공무원이 되려고 한다는 것은 매우 안타까운 일이다. 마치 항해를 위해 만들어진 배가 안전을 핑계로 계속 항구에 정착하고 있는 셈이다. 그렇게 따지면 가장 안전한 곳은 사실 무덤이다.

어차피 태어난 인생, 풍파를 헤치고 대양을 향해, 신대륙을 향해 멋진 항해를 해봐야 하지 않을까?

미국에서 90세 이상의 노인들을 대상으로 "90년 인생을 돌아보았을 때 가장 후회가 남는 것은 무엇입니까?"라는 질문을 했다. 그런데 이 질문에 대해 90퍼센트의 사람이 동일한 대답을 했다. "좀 더 모험을 해보았더라면 좋았을 텐데…."

미국의 소설가 마크 트웨인Mark Twain이 남긴 말이다.

"앞으로 20년 후에 당신은 저지른 일보다는 저지르지 않은 일에 더 실망하게 될 것이다. 그러니 밧줄을 풀고 안전한 항구를 벗어나 항해를 떠나라. 돛에 무역풍을 가득 담고 탐험하고, 꿈꾸며, 발견하라."

세상에서 가장 이자가 높은 은행은 '도전'이라는 이름의 은행이다. 쓰면 쓸수록 줄어드는 것이 아니라 오히려 몇 배가 되돌아온다. 따라서 도전은 하면 할수록 유리하다.

물론 익숙하고 안정된 것처럼 보이는 것을 버리거나 새로운 것에 도전하는 일은 많은 용기를 필요로 한다. 그러나 더 이상 의미가 있는 것 중에 진정한 안정이란 없다. 모험적이고 흥분되는 것에 더 많은 안정이 있다. 움직이는 것에 생명이 있으며, 변화하는 것에 힘이 있다.

일찍이 이런 깨달음을 얻은 이들이 남긴 명언들을 소개한다.

실패가 두려워서 새로운 시도를 거부해서는 안 된다. 서글픈 인생은 "할 수 있었는데", "할 뻔했는데", "해야 했는데"라는 세 마디로 요약된다.

— 루이스 분

세상에서 가장 위험한 일은 위험을 전혀 감수하려 하지 않는 것이다.

— 알베르트 아인슈타인, 물리학자

안전이란 미신 같은 것이다. 자연적으로 존재하는 것도 아니며, 일반적으로 경험할 수 있는 것도 아니다. 위험을 회피하는 것은 장기적으로 보면 솔직히 노출하는 것보다 더 안전하지 못하다. 인생이란 과감한 모험이다. 그렇지 않으면 아무것도 아니다.

— 헬렌 켈러, 사회 사업가

행동에는 위험과 대가가 따른다. 그러나 이때의 위험과 대가는 안락한 나태함으로 인해 생길 수 있는 장기적 위험보다는 훨씬 정도가 약하다.

— 존 F. 케네디, 미국 제35대 대통령

익숙한 것에 있으면 편안하고 안정감을 느낄 수 있다. 이를 안전지대라 한다. 그러나 안전지대에만 있어서는 결코 더 나은 내일을 만들 수 없다. 안전지대에 머무르고 싶은 유혹을 물리치고 늘 새로운 도전지대로 넘어갈 수 있어야 한다. 위험한 만큼 설레고 위험한 만큼 새로운 것을 얻을 가능성이 많아진다. 어차피 한 번 사는 소중한 내 인생, 멋지게 살아야 하지 않겠는가?

독수리 한 마리가 온갖 상처로 고민하고 아파하고 있었다. 상처 때문에 더 이상 높이 날 수 없다는 시름에 빠져 마지막으로 목숨을 끊는 길을 선택하려 했다. 그 모습을 본 대장 독수리가 다가가 물었다.

"왜 이런 어리석은 짓을 하려 하는가?"

그러자 상처 입은 독수리가 말했다.

"나는 상처만 입고 살고 있습니다. 이렇게 살 바에야 차라리 죽는 게 나아요."

그러자 대장 독수리는 자신의 날개를 보여 주었다.

"나의 몸을 한번 보거라. 지금은 내가 대장이지만 젊은 시절 수많은 상처를 입고 살아왔지. 여기는 사냥꾼의 총에 맞은 상처, 여기는 다른 독수리에게 습격받은 상처, 또 여기는 나뭇가지에 찢긴 상처란다. 이것은 나의 몸에 새겨진 상처일 뿐 나의 마음에는 더 많은 상처 자국이 새겨져 있단다. 하지만 나는 그 상처 자국에도 불구하고 다시 일어서지 않으면 안 되었지. 상처 없는 독수리란 세상에 태어나지 않은 독수리니까."

여러분도 대장 독수리처럼 인생을 멋지게 비상하고 싶은가? 그렇다면 상처를 두려워하지 말라. 상처는 기꺼이 여러분을 하늘의 제왕으로 만드는 아름다운 장식이 되어줄 것이다.

마지막으로 프랑스 시인 기욤 아폴리네르Guillaume Apollinaire의 시를 소개한다.

나는 너희에게 오직 천사만을 보냈다.

중요한 것은 아무것도 없다.

그가 말했다. "가장자리 끝으로 와라."

그들이 대답했다. "우린 두려워요."

그가 다시 말했다. "가장자리 끝으로 오라."

그들이 왔다.

그는 그들을 밀어버렸다.

그리하여 그들은 날았다.

성공은 실패를 먹고 자란다

『카네기 인간관계론』이라는 책을 통해 세계적인 동기 부여가이자 자기 계발 분야의 베스트셀러 작가가 된 데일 카네기는 말했다.

"공포에 도전하라. 꾸준히 노력하면 공포의 두께는 점점 얇

아지고, 오히려 역이용할 수 있는 능력이 생겨난다. 초보자일 때는 누구나 실패를 경험한다. 하지만 그 실패는 숙련자로 가는 과정일 뿐이다. 작은 실패를 딛고 일어서라. 그러면 작은 성공이 다가온다. 작은 성공부터 시작하라. 성공에 익숙해지면 무슨 목표든지 할 수 있다는 자신감이 생긴다."

우리는 실패보다 성공을 더 좋아한다. 아니 마치 실패는 절대로 영원히 해서는 안 될 것처럼 취급하는 경향이 있다. 과연 그럴까?

어린 아기가 걷기까지는 수천 수만 번의 일어서는 시도와 넘어지는 실패가 함께한다. 그때 엄마 아빠는 바로 일어서서 걷지 못한다고 혼내는 대신 즐거워하면서 계속해서 시도할 수 있도록 격려한다. 결국은 수없이 많은 시도 끝에 걷는 데 성공한다.

자전거를 처음 배우는 것도 마찬가지다. 처음부터 자전거를 잘 타는 사람은 없다. 자전거를 처음 배우면서 넘어지지 않으려고 하면 결코 배울 수가 없다. 넘어지겠다는 마음을 먹고 반대쪽으로 더 기울여야지만 자전거가 중심을 잡기 시작한다. 2010년 밴쿠버 동계올림픽 피겨 스케이팅 금메달리스트 김연아도 고난도의 점프를 성공시키기 위해서 수천 번 엉덩방아를 찧었다.

결국 더 성장하기 위해서, 뭔가를 배우기 위해서는 실패를 피하지 말고 적극 환영해야 한다. 그럼에도 불구하고 우리는 실패를 하지 말아야 할 것, 가능하면 피해야 할 것으로 생각한다. 그래서 수많은 선각자들이 다음처럼 실패를 응원하는 메시지를 보내고 있다.

성공은 어설픈 교사다. 현명한 사람들로 하여금 자신에게는 실패란 없다고 확신하게 만든다.

— 빌 게이츠, 마이크로소프트 회장

인간은 쉬운 싸움에서 이기는 것보다 어려운 싸움에서 패배하면서 비로소 성장한다.

— 딕 베스Dick Bass, 산악인

뛰어난 사람일수록 잘못이 많다. 그만큼 새로운 것을 시도하기 때문이다. 한 번도 잘못을 해본 적이 없는 사람, 그것도 큰 잘못을 저질러본 적이 없는 사람을 윗자리에 앉게 해서는 안 된다. 잘못을 저질러 본 적이 없는 사람은 평범한 사람이다. 그 때문에 어떻게 잘못을 발견하며 어떻게 조기에 고칠 수 있는가를 알지 못한다.

— 피터 드러커, 경영학자

뛰어넘을 수 없는 벽은 찾아오지 않는다. 고통 없는 성공은 있을 수 없다. 성공이라는 글자를 현미경으로 들여다보면 그 속에는 수없이 작은 실패가 개미처럼 많이 기어 다닌다.

— 정호승, 『내 인생에 힘이 되어준 한마디』 중에서

실패가 두려워 도전을 회피하는 대신 성공을 위해선 실패는 반드시 먼저 겪어야 할, 즐겨 맞이해야 할 대상으로 생각해서 과감히 도전하는 습관을 갖자.

좋은 습관 만드는 좋은 인생

체코의 시인 라이너 마리아 릴케Rainer Maria Rilke는 다음처럼 말했다.

"오늘의 맑은 이 아침. 이 순간에 그대의 행동을 다스리라. 순간의 일이 그대의 먼 장래를 결정한다. 오늘 속시 한 가시 행동을 결정하라. 나쁜 습관을 버리고 좋은 습관을 가져야 한다. 오늘 그릇된 한 가지 습관을 고치는 것은 새롭고 강한 성격으로 출발한다는 것을 의미한다. 새로운 습관은 새로운 운명을 열어 줄 것이다."

인생은 반복된 생활이다. 좋은 일을 반복하면 좋은 인생을, 나쁜 일을 반복하면 불행한 인생을 보내는 것이다. 우리는 우리가 반복적으로 행하는 바로 그대로 된다. 중요한 것은 행동이 아니라 습관이다. 사람은 반복적으로 행하는 습관에 따라 결정되는 존재다. 한 사람의 성공과 실패를 결정하는 절대적인 요소가 습관에 있다. 오늘의 나는 어제의 습관이 만들었고, 10년 후의 나는 내일의 습관이 만든다.

온전히 자력으로만 세계 부자 2위에 오른 워렌 버핏은 독서광으로 유명하다. 16세 때 이미 사업 관련 서적을 수백 권 독파했을 정도다. 그는 성인이 되어서도 끊임없이 책을 읽었는데 언젠가 자신의 독서 습관에 대해 이렇게 밝혔다.

"나는 아침에 일어나 사무실에 나가면 자리에 앉아 읽기 시작한다. 읽은 다음에는 여덟 시간 통화하고, 읽을거리를 가지고 집으로 돌아와 저녁에는 다시 또 읽는다."

정보 싸움에서 승리하는 것이 곧 투자의 성공인 주식 시장에서 버핏이 미다스의 손으로 불릴 수 있었던 것은 바로 이런 지독한 독서 습관 덕분이 아닐까?

"원래 습관의 족쇄란 너무도 가벼워 느낌조차 없다가도, 시간이 흐를수록 점점 무거워져 결국에는 다리를 절단 내고 만다. 내 나이쯤 되면 습관을 바꾼다는 것 자체가 거의 불가능해진다.

이미 습관의 노예가 되어버린 것이다. 오늘 당장 좋은 습관을 택해 실천하겠다고 다짐하면 여러분은 머지않아 그 습관을 자신의 것으로 만들 수 있다."

버핏이 대학생과의 대화에서 습관의 중요성을 강조하면서 한 말이다.

생각과 행동의 습관이 얼마나 중요한지는 유명한 벼룩 실험을 통해 알 수 있다. 벼룩을 뚜껑이 있는 상자에 넣어두면 벼룩이 뛰어오르는 높이가 점점 낮아진다. 벼룩 스스로 그 정도만 뛰어오를 수 있도록 조절된 환경에 익숙해져버렸기 때문이다. 누구나 생각하는 만큼 뛰어오를 수 있다.

'별 박사'로 불렸던 천문학자 고故 조경철은 생전에 무려 180여 권의 책을 저술한 것으로 유명하다. 그는 30대 후반 박사 학위를 받은 후 미국에서 귀국할 때 '앞으로 무슨 일이 있더라도 하루에 원고지 10매를 쓰겠다'고 결심했다. 오늘 일을 내일로 미루지 말자는 각오를 지키기 위해 만약 이튿날 원고를 쓰지 못할 일이 생길 것 같으면 전날 미리 20매를 쓰곤 했다. 그렇게 40년 넘게 지속한 그 습관이 바쁜 사회생활 중에도 수많은 책을 집필한 원동력이 되었다.

습관이란 일종의 자동 항법 장치와 같다. 일단 세팅만 해놓으면 습관이 무의식적으로 우리를 목표로 데려다준다. 따라서 젊었을 때부터 올바른 습관을 들이는 것은 평생 살아가는 인생에서 성공을 거두는 가장 기초적인 작업이라 할 수 있다.

그렇다면 성공적인 인생을 위해서는 어떤 습관을 들여야 할까? 지금까지 이 책에서 이야기한 모든 것을 하나의 습관처럼 조기부터 길들이는 것이 좋다. 그것들을 한번 정리해보겠다.

성공적인 인생을 살기 위해 갖추어야 할 습관

- 인생의 목적과 사명을 중요하게 생각하는 습관.

- 비전과 꿈을 가지는 습관.

- 남과 다른 매우 큰 꿈을 꾸고, 그것을 남에게 공개적으로 이야기하고, 매일 글로 쓰는 습관.

- 매사에 긍정적으로 생각하고 적극적으로 생각하는 습관.

- 늘 학습을 즐기고 새로운 것에 대해 호기심을 갖고 지적 겸손을 유지한 채 꾸준히 성장하려는 마인드세트.

- 독서를 생활화하고 신문을 읽으면서 새로운 지식을 습득하는 습관.

- 게으름을 피우는 대신 매사에 열정적으로 대하고 꾸준히 노력하는 습관.

- 늘 정직하고 성실하고, 사람을 존중하고, 배려하고 칭찬

하고 경청하는 습관.

- 수평적인 네트워킹을 즐기고, 받기보다는 먼저 주는 습관.
- 감사와 친절을 생활화하는 습관.
- 현재에 안주하기보다 늘 새로운 것에 도전하고 변화를 즐기는 습관.
- 실패를 두려워하지 않고 모험을 즐기는 습관….

이런 좋은 습관들로 루틴을 형성할 수 있다면 누구를 막론하고 매일매일 어제보다 더 나은 나를 만날 수 있을 것이다.

그러나 아무리 좋은 습관도 시대의 변화를 따라가지 못하고 지나치게 고착화되면 자산이 아닌 부채로 돌변할 가능성이 항상 있다. 그래서 주기적으로 '습관 구조조정 워크숍'을 해볼 것을 제안한다. 1년에 1회 정도 자신의 습관들을 전부 나열한 다음, 그중에서 더 키워야 할 것, 줄여야 할 것, 완전히 제거해야 할 것을 비롯해 새롭게 만들어야 할 습관까지 리스트업해서 신년 계획에 반영해놓고, 일정한 기간 실천한 다음 제대로 정착되었는지 확인하는 프로세스를 유지하자. 이처럼 성공하는 습관을 익힌다면 성공적인 인생을 살아가는 데 매우 유익하리라 믿는다.

미국 정치인 벤저민 프랭클린이 인성과 성품을 습관화하기 위해 활용한 방법도 주의 깊게 살펴볼 만하다. 『대영백과사전』은 10여 쪽에 걸쳐 프랭클린을 소개하는데 특히 "벤저민 프랭클린은 18세기 미국인 가운데 조지 워싱턴 다음으로 저명한 인물일 것이다"라고 서술되어 있다.

프랭클린은 학교라고는 2년도 채 못 다니고 인쇄공으로 직장 생활을 시작했지만, 스스로 공부해서 16세 때 신문의 사설을 썼고, 번개의 방전 현상을 증명하고 피뢰침을 발명하는가 하면, 81세 때는 미국의 헌법 초안을 작성했다. 1790년 세상을 떠난 그는 여전히 천재 과학자로, 문필가로, 정치가로 기억되고 있다.

그런데 프랭클린을 위대한 인물로 만든 것은 다름 아닌 '일상의 습관'이었다. 프랭클린의 자서전의 한 대목을 소개한다.

이때쯤(1728년) 나는 도덕적으로 완벽해지고자 하는 무모하고도 어려운 계획을 마음에 품고 있었다. 한 치의 잘못도 없는 완전한 삶을 살고 싶었다. (…) 그렇게 얼마를 보낸 뒤 완벽하게 덕 있는 사람이 되어야지 하는 신념만으로는 실수를 막을 수 없다는 결론에 도달했다. 늘 정확하고 일관성 있는 행동을 하려면 나쁜 습관들을 깨부수고 좋은 습관을 익혀야 했다.

마침내 내게 필요하고 바람직한 덕목을 13가지로 정리했다.

1. **절제**Temperance: 과식과 과음을 삼가라.

2. **침묵**Silence: 타인과 자신에게 이로운 것 외에는 말을 삼가고, 쓸데없는 대화를 피하라.

3. **질서**Order: 모든 물건은 제자리에 정돈하고, 모든 일은 정해진 시간을 지켜라.

4. **결단**Resolution: 해야 할 일은 하기로 결심하고, 결심한 일은 반드시 행하라.

5. **절약**Frugality: 타인과 자신을 이롭게 하는 것 외에는 지출을 삼가고, 낭비하지 말라.

6. **근면**Industry: 시간을 헛되이 쓰지 말고, 항상 유익한 일을 행하며, 필요 없는 행동은 하지 말라.

7. **진실**Sincerity: 남을 일부러 속이려 하지 말고, 순수하고 정의롭게 생각하라. 말과 행동을 일치시켜라.

8. **정의**Justice: 남에게 피해를 주거나 응당 돌아갈 이익을 주지 않거나 하지 말라.

9. **중용**Moderation: 극단을 피하고, 원망할 만한 일을 한 사람조차 원망하지 말라.

10. **청결**Cleanness: 몸과 옷차림, 집안을 청결하게 하라.

11. **침착**Tranquility: 사소한 일, 일상적인 사고, 혹은 불가피한 사고에 불안해하지 마라.

12. **순결Chastity**: 건강이나 자녀 때문이 아니면 성관계를 삼가라. 특히 감각이 둔해지거나, 몸이 약해지거나, 자신과 타인의 평화와 평탄에 해가 될 정도까지는 하지 말라.

13. **겸손Humility**: 예수와 소크라테스를 본받으라.

프랭클린은 나쁜 습관을 버리고 좋은 습관을 기르기 위해 이처럼 덕목을 정해 지키고자 노력했다. 그는 수첩을 활용해 매일매일 그 덕목을 점검하고 잘못된 습관은 빨간 펜으로 기록하며 습관을 관리했다. 마치 미국의 석유 사업가 존 데이비슨 록펠러John Davison Rockefeller가 평생 금전 출납부의 기록을 거르지 않았던 것처럼, 프랭클린은 자신의 행동에 대한 일일 결산을 하루도 거르지 않았다. 그는 습관 관리를 13주 사이클을 기본 단위로, 한 주마다 13가지 덕목 중 한 가지를 집중적으로 실천하고 13주가 지나면 다시 처음부터 반복했다. 이렇듯 그의 일생은 13주의 반복이었으니, 1706년에 태어나 1790년에 84세로 세상을 떠난 그는 적어도 같은 사이클을 300회 이상 반복했을 것이다. 그리고 프랭클린식 자기 점검표는 훗날 사람들의 시간 및 자기 관리 도구로 활용되고 있는 『프랭클린 플래너』의 모태가 되었다.

이 글을 마무리하며 독일 작가 헤르만 헤세Hermann Hesse의 역작 『데미안』의 인상 깊은 한 구절을 소개한다. 이 장의 주제와 절

묘하게 통하는 이 구절을 잘 음미해보자.

새는 알에서 나오려고 발버둥 친다. 알은 새의 세계다. 태어 나려고 하는 자는 하나의 세계를 깨뜨리지 않으면 안 된다.

아빠와 대화를 시작한 지 7주가 지났다. 처음엔 솔직히 아빠와 어떤 주제를 놓고 대화한다는 것이 별로 내키지 않았다. 그러나 이제 대만족이다. 무엇보다 인생을 전체적으로 계획해본 것이 좋았고, 구체적이지 않지만 크게 꿈을 가져야 된다고 생각하게 된 것도 좋았다. 내 생각들이 긍정적이고 적극적으로 변화된 것도 눈에 띄는 변화다. 더군다나 자신감까지 많이 가지게 되었다. 나의 가장 큰 약점이었던 사람들과의 관계도 잘만 하면 크게 개선시킬 수 있을 것 같은 좋은 예감이 든다.

문제는 실천이다. 오늘 아빠와 가장 많이 이야기한 것도 바로 어떻게 꾸준하게 실천할 수 있을까 하는 거였다.

정주영 현대 회장이 자주 했다는 말을 오늘 처음 아빠로부터 들었다. "이봐, 해보기는 했어?" 맞다. 처음 시작이 어렵다. 할까 말까 망설여지면 지금까지는 주로 하지 않는 쪽을 택했었다. 이제부터는 이왕이면 해보는 쪽을 택하자고 아빠와 약속했다. '실패한들 그게 얼마나 크겠어?' 하는 마음으로 말이다.

그러나 막상 시작하더라도 지속적으로 끈기 있게 하지 못하면 별 효과가 없을 것이 뻔하다. 어떻게 하면 지금까지 배운 내용들을 내 습관으로, 내 루틴으로 만들 수 있을까?

아빠는 큰 꿈과 비전, 나의 사명이 지속적으로 실천하게 하는 힘이 될 거라고 했다. 맞는 말이다. 계속해서 꿈을 상기시키고, 꿈이 이루어진 후를 상상해야겠다. 매일매일 비전을 글로 써보는 연습을 해야겠다.

다른 사람들로부터 자극을 받는 것도 좋은 방법인 것 같다. 그로우 앱에서 열심히 하루하루 살아가는 다른 사람들을 보면서 지속적으로 외부 자극을 받아들여야겠다. 그리고 가능할지 모르겠지만 일기를 써보고 싶다.

성공만 추구해서는 진정한 성공을 맛볼 수 없다. 성공만 있는 인생은 도전을 하지 않는 것과 같다는 아빠 말에 나는 완전히 동의한다. 힘들더라도 꾸준히 도전해야 한다. 만일 실패하더라도 나의 잠재력을 꾸준히 개발할 수 있을 것 같다.

내가 잘하고 편안하게 느끼는 안전지대에만 머물러 있는다면 나는 더 이상 성장하지 못하고 정체하고 퇴보할 것이 너무나 분명하다. 지금 당장은 편하니 좋겠지만 결국 나의 성장을 가로막는 함정이 될 것이다.

그동안 나로 인해 상처를 많이 받고 실망도 많이 했을 아빠에게 이 자리를 빌어서 감사를 드린다. 이번에 함께하지는 않았지만 나를 누구보다도 사랑하고 나를 위해 많은 것을 희생하고 있는 엄마에게도 진심으로 감사를 전한다.

나를 사랑해주고 아껴주는 누나와 나를 키워주신 할머니 할아버지께도 감사드린다. 아빠와의 소중한 경험을 훗날 기쁘게 돌아보고 싶다.

아빠의 질문력

초판 1쇄 발행 2021년 11월 1일
1판 3쇄 발행 2024년 11월 1일

지은이 조영탁, 조예준(Alex Cho)

총괄 방승천
책임편집 경정은
마케팅 이나경
홍보 고영민, 김영아, 이재웅, 이슬
콘텐츠연구 구민아, 김해, 박창훈, 최설봉, 최예슬
편집진행 눈씨
디자인 디자인 안녕

펴낸곳 행복한북클럽
펴낸이 조영탁
주소 서울특별시 구로구 디지털로26길 5, 에이스하이엔드타워 1차 818호
전화 070-5210-4918
팩스 02-6442-3962
이메일 book@hunet.co.kr

ISBN 979-11-89969-62-2   13590

● 잘못된 책은 구입하신 곳에서 교환해 드립니다.
● 책값은 뒤표지에 있습니다.

행복한북클럽은 (주)휴넷의 출판 브랜드입니다.